JN251466

ピーター・B・メダワー

若き科学者へ

新 版

鎮目恭夫訳

みすず書房

ADVICE TO A YOUNG SCIENTIST

by

Peter Brian Medawar

First published by Harper & Row, New York, 1979

Japanese translation rights arranged with
Perseus Books, New York
through Tuttle-Mori Agency, Inc., Tokyo

若き科学者へ　新版

目次

まえがき

ここで私は、自分が本書の読者の大部分の生まれる以前に科学研究を始めた当時に、自分自身が読んでいればよかったと思う種類の本を、書くことを試みた。それは読者に先輩ぶって語ることではなく、たいていの科学者は年齢が若いことと、活発に研究に従事している科学者は誰も自分がすでに齢をとったとはけっして思わないこととを率直に認識してのことである。

私はまた、ポローニアスやチェスターフィールド卿やウィリアム・コベット*の列に加わることを充分意識している。これらの人はみな若者へ助言を与えたことで有名である。それらの助言は、どれも若い科学者への助言ではなかったが、それらの一部は若い科学者へもあてはまる。ポローニア

* 訳注　シェークスピア（一六〇三）『ハムレット』第一幕第三場。フィリップ・ドーマー・スタンフォープ（第四代チェスターフィールド伯爵、一六九四―一七七三）『息子への書簡』（一七七四）。ウィリアム・コベット（一七六三―一八三五）『若者および（ついでながら）若い女性〔Young Men and (incidentally) Young Women〕への助言』（一八二九）

スの助言は主として世渡りの術的なものであり、レアティーズが別れを急いだわけがわかるのではあるが（「では父上、おいとま乞いをさせていただきます」）、やはりすぐれた助言である。

チェスターフィールドの助言は主として礼儀作法、とくにごきげんとりの術に関するものだった。それは科学者の活動領域にはあまり関係がなく、おそらく、それは英文学のあの巨星の尾で手ひどく打たれたがゆえに価値がある。サミュエル・ジョンソン博士は、チェスターフィールドは踊りの師匠の作法と売春婦の道徳とを教えたのであると言明した。

コベットの助言は、広い意味で道徳的なものだった。ただし、それは礼儀作法とも関係がある。コベットはジョンソン博士のような強烈な気力はもたなかったが、コベットの文章には、英語の散文著作の他のどれにも劣らないうまみがある。これらの三人のどれか一人または三人全部の眼が、本書のなかのそれぞれ然るべきところに光っているはずである。これらの人が言わざるをえなかったことから影響を受けることなしに若い科学者への助言の書を書くことは、ほとんど不可能である。

この小著の視野と目的は、序章で説明してある。それは、科学者だけを相手にしたものではなく、探索的な活動に従事するあらゆる人を相手にしたものである。しかも、それは年齢的に若い人たちだけを相手にしたものではない。著者と出版者は、余分な負担など問題にせずに、本書に年輩の科学者への助言をもいくらか加えることを決意した。私はまた、それ以外の読者をも考慮に入れている。科学者になることの歓びと悩みについて、または科学者という職業人の動機や気風や等々について、何らかの理由で興味をもっている科学者以外の人たちをである。

本書のなかに読者が格別に共感したり啓発されたと感じた部分があったら、それはその読者自身を相手に書かれたものなのである。読者がすでによく知っている部分は、興味ぶかく思われはせず、読みとばされるであろう。

私は今まで、英語には男女両性に通用する人称代名詞や所有代名詞がないのに絶えず悩まされてきた。したがってたいていの場合、he〔彼は〕に she〔彼女は〕を含ませ、his〔彼の〕に her〔彼女の〕を含ませざるをえない。第5章をみれば、私の言うことはすべて、もしそれが男性にあてはまるのなら、女性にもあてはまることが明らかになろう。

ほとんど不可避的なことだが、本書は世界における科学と科学者との地位に関する一つの個人的な「哲学」を具体化している。だから、ひじょうに個人的な見解を含む本であるから、もう少し弁解しておかねばならない。大戦中のイギリスでは、ラジオのニュースのアナウンサーは、聴取者大衆との人間関係をつくるため、つねに自分が誰であるかを告げた。それはしばしば、「これは九時のニュースです。ステュアート・ヒブバートがお伝えしております」というような言葉でなされた。本書の形式と内容について私は次のことだけ言っておこう――「これは私の意見であり、それを申しあげているのは私にほかなりません」と。私が意見という言葉を使うのは、次のことを明らかにするためである。すなわち、私の判断は、組織的な社会学的調査によって正当化されたものではなく、すでに反復的な批判的検討に耐えた仮説でもないということである。私が示した判断は、単なる個人的な判断である。ただし、それらの一部が、科学の社会学者によって取りあげられて適切に研究されることを期待している。

このような書物を私が書くことを正当化する私の経験は、次のようなものである。私はかなり長いあいだオクスフォード大学のチューター（指導教師）を勤めた。当時は、各チューターが自分の担当の学生たちの知能開発に一人で全責任を負う制度だった。これは教師にとっても学生にとってもすばらしい企てだった。良い教師は自分の問題全体を教え、彼自身がたまたま特に興味をもっているか熟達している問題だけを教えはしなかった。「教える」ということは、もちろん、「事実的情報を伝える」という比較的重要でないことのみを意味せず、思考と読書を指導し反省を促すことを意味する。私は後に大学の教育部門の長になった。まずバーミンガム大学の、後にはロンドンのユニバーシティ・カレッジのである。その後、私は国立医学研究所の所長になったが、それはあらゆる年齢とあらゆる経験年数の科学者からなる研究所である。

これらの環境のもとで私は、自分のまわりで起こっていることを大きな興味をもって観察した。そのうえ、私自身もかつては若かったのである。

自己宣伝はこれだけにして、ここで私はこの双書のパトロンのアルフレッド・P・スローン財団への感謝を記したい。この財団は、私の多忙な職業生活に本書の執筆を組みこむことを大変容易にし、かつ大変好ましいものにしてくれた。本書の執筆のなかで、読者に警告するためにせよ具体的実例を示すためにせよ、私が科学者としての自分の体験に頼る仕方を、本来の私のやり方以上に行使したのは、私自身のではなく私のパトロンの意志によるものであった。

私の生活環境は、どんな問題についてのどんな著作も私の妻が助けてくれ話し相手になってくれなくては不可能であるような特性をもつ。本書そのものは私の単独の著作だが、妻にも原稿を読んでもらった。これは私が彼女の耳と文学的判断に全面的な信頼を寄せるようになっているためであった。

原稿を出版のため整える仕事は私の秘書で助手のヘイズ夫人によった。

私はまた、本書の原稿の執筆または口述のさい辛抱強くいろいろ世話をしてくださった親友の、ジーンおよびフリートリヒ・ダインハルト、バーバラおよびオリヴァー・プール、パメラおよびイアン・マカダム夫妻に特別の感謝を捧げたい。

P・B・メダワー

1 序論

本書では、私は「科学」という言葉をかなり広い意味に解釈し、自然界をよりよく理解することを目的にしたあらゆる探索的活動を指すものとする。この探索的活動は「研究（research）」と呼ばれており、これが私の主題である。ただし、科学的な活動または科学に基づく活動は、その他にたくさんある。科学行政や、科学ジャーナリズム（これは科学そのものの成長にともない重要さを増してゆく）や、科学教育もそうだし、多くの産業上の行為、とくに医薬や加工食品や、機械類やその他の製造品や、繊維類やその他の材料一般を生産する行為を監督することも、しばしばそれらの行為を実行することさえも、科学的活動または科学に基づく活動である。

アメリカには、最近の国勢調査で科学者という項目に記入した人が四九万三〇〇〇人おり、[*(1)] 国立

＊ 編集部注　原著刊行から三十年余の間に研究従事者がさらに増加していることについては、二〇一四年のＯＥＣＤの統計ではアメリカの「Ｒ＆Ｄに従事する研究者」は約一二六万五〇〇〇人であるという事実が参考になる。

科学財団が採用したもっと厳密な分類法によれば三一万三〇〇〇人になるが、これでもずいぶん大きな数である。イギリスの数字も総人口との比ではほぼ同じで、産業省の報告ではイギリス全国の有資格科学者の人数は一九七六年に三〇万七〇〇〇人、そのうち二二万八〇〇〇人が「経済的にも現役」と記述された。それより一〇年前には、これに対応する数字は一七万五〇〇〇人と四万二〇〇〇人だった。全世界の科学者の総数は七五万人から一〇〇万人の間になるにちがいない。その大多数は若く、すべての者が助言を必要としているか、またはかつては必要としていた。

私は、ためらわずに議論を主に研究にしぼる。そうするのは、もし「若い作家への助言」を書こうとする人なら、印刷とか出版とか書評のような、重要ではあるが副次的で補助的な活動よりも、創作活動そのものに議論を集中するであろうのと同じ精神による。私が主に扱うのは自然科学における研究だが、本書では探索的活動全般をつねに考えてゆく。そして私が述べることは、社会学、人類学、考古学、および「行動科学」一般にも関係があり、実験室とか試験管とか顕微鏡とかの世界のみに関するものではないと信ずる。なぜなら、前述のように科学の目的は自然界をよりよく理解しようとすることにあり、その「自然界」で人類は最もきわだった存在の一つだからである。

「真」の研究科学者と、科学的操作を見掛け上機械的に遂行する人たちとの間に鋭い境界線を引くことは容易ではなく、必ずしも必要でもなかろう。自分を科学者の列に入れた約五〇万の人々のなかには、設備の整った大きな公共の水泳プールに雇われて、水中の水素イオン濃度を調べたり、細菌やカビなどの繁殖を監視しているような種類の人々も含まれていたであろう。そのような人々を科学者に含めるべきではないという憤懣の声が今にも聞こえてきそうだ。

だが、待ちたまえ。誰が科学者であるかは、何をするかによってきまる。もしその水質管理員が聡明で意欲的なら、学校で習った科学に基づき、公共図書館か夜学で細菌学や菌類医学をこつこつ勉強するかもしれない。そうすれば、プールを人間にとって快適にする温度と湿度は、微生物の繁殖にも好適であることがわかるにちがいない。逆に、細菌を抑制する塩素は人体にも有害であるから、細菌とカビ類の抑制を、経営者に莫大な費用を課したり客を逃げださせることなしに遂行する最善の仕方は何かという問題を考えることになろう。そこでおそらく彼は、小規模な実験をやり、いろいろな浄化方法の効果を比較してみる。いずれの場合にも、微生物の濃度とプール入場者の人数との関係を記録し、個々の日の予想入場者数に応じて塩素の濃度を調節してみる。こういうことを行なうのなら、彼は単なる従業員としてでなく一個の科学者として行動しているのである。大切なのは、自分に可能なかぎり問題の核心をつかむこと、それを可能にする見込みが充分あるような手順をふむことである。従って、私は「純粋」科学と応用科学との間に必ずしも区別を設けない。ましてや両者の間に階級的な区別を与えはしない（第6章参照）。この区別は、「純粋」という語の誤解によって、ほとんど救いがたい混乱をもたらしてきたのである。

科学では、初心者は確かに「この科学者」や「あの科学者」というものに出会う。だが、そういうものがあると信じてはいけない。科学者という種族は存在しない。科学者たちというものは確かに存在するが、彼らは、医者とか弁護士とか牧師とかプールの管理員とかと同様に、さまざまな気質の人々の集まりである。私は『解けるものを解く術（*The Art of the Soluble*）』と題する著書で、それを次のように述べた。

科学者とは、さまざまなことを、ひじょうにさまざまな仕方で行なう、ひじょうにさまざまな気質の人々である。そのなかには、蒐集家もおり、分類家もおり、几帳面な整理家もおり、探偵気質の人や探険家が多く、芸術家もいれば職人もいる。詩人科学者や哲人科学者もいるし、神秘家さえも少しはいる。これらすべての人々がどんな精神や気質を共有していると考えることができようか。強制された科学者はごく稀にちがいなく、現実に科学者になっている人の大部分は、科学者以外の何かにも容易になりえたであろう。

思いだすに、ＤＮＡの結晶構造の発見物語の登場人物のせりふのなかには、[2]ジェームズ・ワトソン、フランシス・クリック、ローレンス・ブラッグ、ロザリンド・フランクリン、ライナス・ポーリングといった人々以上に、生まれも育ちも、態度も行儀も、風采もスタイルも、世俗的目的も互いに異なる人々の取り合わせは、想像するだに困難であるという言葉があった。

右に引用した私の文章のなかの「神秘家」という言葉は、次のような少数の科学者を指した。すなわち、何かがまだ知られていないということから邪悪な満足をひきだし、その知られていないということを利用して非情な実証主義の枠を破って狂想的な思考の場に躍りだす少数の科学者である。しかし遺憾ながら私は「神秘家さえも少しはいる」の次に、「また悪漢さえも少しはいる」と加筆せねばならない。

私の知るかぎりで最も邪悪な科学者とは、同僚研究者のとったいくつかの写真や、書いた論文のいくつかの文節を盗みとって、伝統のある大学によって設定された賞金つきの競争論文のなかに収めたある人物である。その論文の審査員の一人は、自分の資料を盗みとられた人であった。大騒ぎが起こったが、その犯人にとって幸いなことに、その男の勤めている機関が何よりもまずスキャンダルが表ざたになることを恐れた。その結果、その犯人は別の研究機関へ転勤させられ、以来ほぼ同じ種類の小犯罪を重ねながら、ほどほどにうまくやってゆくことができたのである。そんな男がどのようにしてやってゆくことができるのかは、たいていの人にとっては不思議である。そんなひどい悪徳に人間の心がどうやって耐えられるのであろうか。

私は自分の同僚たちの多くと同様に、このような犯罪を驚異とも思わないし、説明不可能とも思わない。科学者はこういう重大な犯罪を犯す能力を他のどんな職業人に劣らずもっている人間とみなされねばならないと、私はつくづく思う。だが、科学者という職業を魅力的で名誉あり賞讃さるべきものとしているあらゆることを無効にするこのような種類の悪徳が現に存在することは、やはり驚くべきことである。

「〔これぞ〕科学者」という種類の人間は存在しないから、「邪悪な科学者」という種類の人間は、なおさら存在しない。もっとも、「Chinaman（支那人）」は悪党だという説の根拠にされたような作り話の代わりに、今では、「科学者」がそれに似た役割を果たすもっと低級な作り話が広がってはいる。フランケンシュタインのような恐怖物語は、メアリ・シェリーやアン・ラドクリフの小説が最後になりはしなかった。それらの現代版のなかに、悪い科学者がたくさんでてくる（「やがて全世界がわしのものになる」なんていう声が、強い中欧訛りで叫ばれたりする）。おそらく、世間の人々が科学者についてもつ恐怖の一部は、昔からのこのような子どもっぽい話を科学者たちが黙認してきたためだろう。

私の思うに、そんな紋切型の悪徳科学者の話は、若者たちの一部に科学者になることを思いとどまらせるかもしれないが、今日の世はひどく逆立ちしているから、おそらく、邪悪な出世の可能性に魅きつけられる若者が、そんな前途に背を向ける若者に劣らぬほど多いだろう。

紋切型の悪徳科学者の存在がうそくさいのと同様に、道徳文学の時代に由来するもう一つの紋切型の存在もうそくさい。曰く、科学者とは、自己の幸福や物質的報酬にはまったく無頓着で、真理の追求に知的および精神的な完全な満足を見いだす献身的かつ合目的的な人間であると。否、科学者は常民である（scientists are people）――この文学的発見はC・P・スノーに負う。人をして科学研究に生涯を投じさせる動機が何であろうと、科学者とは、科学者となることを熱望する人でなければならない。そういう動機が過小評価されないようにするため、私は以下でしばしば、科学者の人生における苦悩と挫折を強調しすぎるかもしれない。しかし、科学者となるということは、大きな満足と報酬（物質的な報酬を指すのではないが、物質的な報酬を排除するのではない意味での）をもたらしうる人生であり、おまけに、自己の精力を最大限に行使したという満足をもたらしうるのである。

（1）この数字は Harriet Zuckerman, *Scientific Elite* (London: Macmillan, 1977)〔『科学エリート』金子務監訳、玉川大学出版部、一九八〇〕による。

（2）P. B. Medawar, *The Hope of Progress* (London: Wildwood House, 1974)〔『進歩への希望』千原呉郎ほか訳、東京化学同人、一九七八〕のなかの「ラッキー・ジム」参照。

2 科学研究者への適性とは？

自分は科学者になるのに向いていると思った人は、しばしば次のようなことによって意気消沈させられる。それは、フランシス・ベーコンの言葉を借りれば「自然の幽玄さ、真理の深奥さ、実験の困難さ、諸原因のからみあいと、人間のもつ識別力の不確かさ、もはや〔自分が〕欲望や希望に駆りたてられて突き進む人間ではないこと」である。

真理の追求に献身する人生を夢みることが、一人の若者をして、実験が失敗に終わったことによる挫折や、自分が愛好したアイディアが架空のものであることを発見して味わう落胆などを切り抜けて進ませることになるかどうかを、前もって予言する確かな方法はない。

私は、自分の生涯で二度も、二年間にわたる苦労が科学的に無益であったという苦い経験を味わった。自分が深く愛した仮説を立証しようと苦労したが、結局それは架空のものであることがわかったのである。このような時期は、科学者にとって辛いものである。日々空が鉛色で、気が滅入り自分には力が足りないというみじめな思いにおちこむ。私はこれらのみじめな時期の思い出のゆえに、若い科学者たちに対して、ただ一本の糸にすがるのでなく、もし証拠がどうしても裏目にでるなら自分の予期を潔く捨てるべきであるという助言に熱をこめるのである。

若者たちは、科学者の生活とはどんなものかについての古くさい誤説にだまされないことが特に大切である。従来どのように言われてきたにせよ、科学者の生活は確かにおもしろく、情熱をそそるものではあるが、労働時間に関しては、ひじょうに時間を食われ、時には余暇がまったくない。それはまた、とかく妻または夫と子どもたちにとっては辛いものであり、家族たちは、自分たち自身は何ら報われることのない何ものかにとりつかれて生きてゆかねばならない（第5章の「配偶者は不運か？」参照）。

この道へ入った者は、研究生活がもたらす報酬や代償が自分にとっては数々の失望や苦労に見あうものであるか否かがわかるまで辛抱しなければならない。しかし、ひとたび発見の喜びや、真に巧妙な実験をやり遂げた満足を味わったなら、すなわち、人知を真に前進させたことから得られる深く遠大な、フロイトの言う「大洋的感情」を味わったなら、科学者はとりこにされ、他のどんな生活にも満足できなくなる。

動機

まず第一に科学者になる動機は何だろうか。これは心理学者が一言あって然るべき種類の問題である。ルー・アンドレアス・サロームの言によれば、やたらに細かいことをほじくりたがるのは、なんと、「肛門性愛」の現われであるという。だが科学者は概してそんなせんさく好きではないし、幸いにも、そんなせんさく好きであることはしばしば必要ない。旧来の通説によれば、好奇心が科学者の活動の主な源泉だとされてきたが、これは適当でないと私はいつも感じてきた。好奇心とは子ども向きの言葉だ。「好奇心は猫をも殺す」〔猫は生命が九つあるというが、好奇心にまかせたら生命がいくつあっても足りない〕という、ばあやの諺が昔からある。もっとも、その同じ好奇心が、さもなかったら死んだかもしれない場合に猫の生命を救ったこともあったであろう。

私の知っている有能な科学者たちはたいてい、「探索的な衝動」と呼んでも大げさすぎないようなあるものをもっている。イマヌエル・カントは、事物の真理に到達しようとする「休みない努力」ということを言ったが、それはあまり説得力のある議論のなかで言われたのではなく、もしわれわれがそういう野心を満たすことが不可能であったなら、自然はそれをわれわれの胸に植えつけはしなかったろうと述べたのであった。何かが理解できないということには、ある強い不安と不満の感情がつねにともなうものである。素人だって、そういうものを感じる。さもなかったなら、素人が、何か奇妙で厄介らしい現象が説明のつくものだということを知ったときにホッとするはずはない。人々をホッとさせるのは、その説明そのものではありえない。なぜなら、それはしばしばあまりに専門的で、人々に広く理解されることはできないからである。人々を安堵させるのは、知識そのものではなく、知識が得られているということを知ることのもたらす満足である。フランシス・ベーコンとジャン・アモス・コメニウス――どちらも近代科学の哲学的創始者の一人で、その著作を私は以下でしばしばひきあいにだすが――、この二人の著作には光のたとえがいっぱいでてくる。おそらく私が今書いている休みない不安というものは、子どもが暗闇をこわがるのと等価な大人の恐怖であり、それはベーコンが言ったように自然のなかに灯火をともすことによってのみ追い払うことができるものである。

私はしばしば、「何が*あなた*を科学者にならせたのですか」という質問を受けるが、私はそれに対して真に満足な答えを与えられるほど自分自身を客観的に眺めることはできない。なぜなら、私は、科学者になることは可能な最もすばらしいことだとはまだ思わなかった時期をはっきり思いだすことができないからである。確かに私はジュール・ヴェルヌやH・G・ウェルズの著作に感動し説得されたし、いつも書物を読みふける幸運な子どもなら出会えるような必ずしも第一流ではない百科全書に影響されもした。通俗科学の本も役にたった。一冊六ペンス――約一〇セント――の、星や地球や海洋や等々の本であった。私はまた、暗闇そのものをこわがった。だから、私の前記の推測が正しいとすれば、それも私を助けたのかもしれない。

自分には科学者になれる頭があるか？

一部の若者が悩むであろう心配の一つは、自分が科学でうまくやってゆけるだけの頭をもっているかどうかという心配である。おそらく女性の場合は、自分を過小評価するという社会的に形成された――まだしばしば充分訂正されていない――慣習のために、その悩みがとくに大きいだろう。こんな心配はせずにもすむはずのものである。なぜなら、よい科学者になるためには、ひどく頭がいい必要はないからである。頭脳活動に嫌悪を感じたりまったく無関心で、抽象的な観念に耐えられないなら、それは確かに不適性とみなせるが、実験科学には、格別の推理の才を必要とするものは何もない。常識は、なしにはすませられないものであり、近ごろ奇妙にも不人気になったようにみえる古風な諸徳目のいくつかも、もっているほうがいい。例えば、勤勉さとか、目的意識とか、集中力とか、辛抱強さ、例えば、長い骨の折れる研究のあげく、自分が深く愛していた仮説が大かた誤りであることがわかったというような逆境にめげない気力などである。

一つの知能検査

ここで知能検査という言葉の意味を最大限に深化し、常識と、科学者たちが持っているとか、科学者には必要だとしばしば言われている高度な知能とを見分けるテストを考えてみよう。多くの人の眼には、エル・グレコの絵のなかの人物（とくに聖像）はしばしば不自然に背が高くてやせてみえる。ある眼科医がこういう説をだした。こんな画像ができたのは、エル・グレコが、彼の眼には人間の姿がこんなふうにみえるような視覚異常をわずらっていたからであり、そのため彼が人間を自分の眼にみえる通りに描いた結果として必然的にこんな絵ができたのだと。

この解釈は正当でありうるか？　私はこの質問を、いくたびか、学術的な講演でかなり多数の聴衆に提出し、こうつけ加えた。「この説明がナンセンスで、しかもそれは美学的理由からではなく、哲学的理由からナンセンスであることを、直ちに気づくことのできる人は、疑いもなく聡明な人です。これに反し、それがナンセンスであることを私が説明してもなお、そのナンセンスさがわからない人は、かなり頭が鈍いのです」と。この説明は認識論的なもの、すなわち知識とは何かという議論に関するものである。

いまかりに、ある画家の視覚異常が、しばしばあるように、二重視覚、すなわち物がすべて二重にみえるものだとしよう。もし右の眼科医の説明が正しいとすれば、その画家は人物などを二重に描くだろう。だが、もしそうしたなら、その画家が自分の描いた画を眺めてみると、すべての人物が四重にみえて、どうもおかしいなと思うのではなかろうか。もし視覚異常が原因なのなら、その画家にとって自然にみえる画像は、われわれにとっても自然にみえるはずである。たとえわれわれの方も視覚異常に冒されていてさえ、やはりそうにちがいない。もしエル・グレコの描いた人物が不自然に背が高くてやせてみえるのなら、〔グレコにとってもそうだから〕、それはグレコがわざとそう描こうとしたから、われわれにそうみえるのである。

私は科学における知的熟練の重要さを過小評価したくはないが、新参者たちをおどかして逃げださせるほどの過大評価よりは過小評価のほうがましである。科学のさまざまな分野は互いにかなり異なる能力を要求するのではあるが、ともあれ、科学者という種族が存在するという観念を斥けたからには、私は「科学」というものをただ一種類の活動であるかのようにみなして論ずることはできない。甲虫を集めて分類するのに必要な能力や手腕や動機は、理論物理学とか統計的疫学とかの道へ進むに必要なそれより劣るわけではないが、まったく異なるのである。科学のなかでの俗な序列——これはきわめて厄介なスノビズムだが——によれば、確かに理論物理学は甲虫分類学より上位にあるが、おそらくこれは、甲虫の採集と分類においては自然の秩序がわれわれにあまり高度な判断や知能を要求しないと考えられているからであろう。一匹一匹の甲虫がぴったりあてはまる分類棚があるという考えである。

しかし、そんな考えは神話にすぎない。経験を積んだ分類学者か古生物学者なら、初心者にはっきりこう教えてくれるだろう。しっかりした分類には、慎重な熟慮と、少なからぬ判断力と、類縁性を見分ける勘とが必要であり、それらは経験とそれを獲得しようとする意志とによってのみ得られるのであると。

ともかく科学者たちは、概して自分をすばらしく頭のいい人間だと思ってはいず、少なくとも一部の科学者は、自分をむしろ愚鈍な人間だと公言したがる。これは邪気のないてれだ——ただし、真理を認識したかどうかへの不安が彼らに安心立命の境地を求めさせたのでないとすればである。確かに大多数の科学者たちは知識人ではない。しかし私自身は、たまたま、まったくの低俗の輩と呼ぶべき人物を一人も知らない。ただし、文学や美術の批評家たちの判断に威圧されて彼らの説がその真価よりはるかに重大なものだと思うことを、ごく特殊の意味でにせよ、低俗と呼ぶのでない限りにおいてである。

きわめて多くの実験科学は手先の器用さを必要とするから、従来の通説では工作的な作業が好きだったり巧みだったりすることが実験科学者になるのに特に適した素質だと唱えられてきた。また、ベーコン的な実験〔一一六ページ〕を好むことが重要だとしばしば考えられている。例えば、硫黄と硝石と木炭の紛末の混合物の一つまみに点火したら何がおこるかを知りたくてたまらないような内的衝動が大切だという考えである。そんな実験をうまくやりとげることが、科学研究者として成功することを真に予示するものであるか否かは判定できない。なぜなら、そんな実験に満足しなかった人のみが科学者になるのだからである。そういう旧来の諸説に穴がないかどうかを確かめる方法を考案するのは、科学の社会学者の仕事だが、私は、若者は手先の不器用さやラジオやバイクを修理する能力がないことによって科学者になることを断念する必要はないと思う。そのような技量は生まれつきのものではなく、右手利きと同様に学習によって獲得しうるものである。科学者になるのに確かに不適な特性の一つは、手仕事を卑しいとか劣等だと思うこと、すなわち、科学者は試験管だの培養皿だのブンゼン灯だのを片づけて身なりを整えて机に向かってこそ成功するものだと考えることである。科学者になるのに向かないもう一つの思想は、実験の仕事は自分の言いなりになる部下たちにあれこれ指図しているだけですむという思想である。この思想の欠陥は、実験というものは単に自分が考えたことを実際に表現するものであるだけでなく、思考することそのものの一つの形態であることを認識しない点にある。

科学の研究に挑んだ結果、興味がもてないとか嫌気がさしたと感じた若者は、自責の念や進路を誤ったという思いなど一切もたずに科学から去るべきである。

こう言うことはやさしいが、実際には、科学者に必要な資質はひじょうに特殊で、その資質を得るには時間がかかるから、そこに至る過程は何か別の職業への道をそのままお膳立てするものではない。この点でイギリスの現行の教育制度にはとくに弱点があるが、それはアメリカではそれほど問題ではない。アメリカの大学の一般教育の経験は、イギリスの場合よりはるかに豊富である。*

科学者をやめる人は、それを生涯残念に思うこともあろうし、解放されたと思うこともあろう。もし後者なら、その人はおそらくうまくやめた人であるが、残念に思った人にも充分な理由があるようである。というのは、何人かの人が私に、楽しい夢をみるかのようにして、もし自分が科学研究のように熱中できて深く楽しめる仕事で食ってゆけることは、たとえ給料がほどほどでも、どんなに満足のゆくことかと語ったからである。

＊　イギリスで都市のカレッジ（学寮）を市民的な大学へ転換させた大学づくりの大波は一八九〇年―一九一〇年に生じたが、アメリカでは大学教育の大波が起こったのは約百年前だった。

3　何を研究しましょうか？

昔流の科学者なら、そんなことを問わねばならない者は職業の選択を誤ったのだと言うはずだが、こういう態度は大学を卒業したばかりの科学者がすぐに研究に乗りだせる力をもっていると信じられていた時代の名残りである。現代はそれと大ちがいで、指導教師につくことがほとんどつねに当り前である。今では、若い志望者は大学院生として何らかの先輩科学者について、自分の職業を身につけることと、その証拠として修士号または博士号をもらうことを求める（Ph.D. は世界中のほとんどの学術機関へも入れるパスポートである）。それにしても、まず第一に指導教師を選ぶことと、学位を得てから何をするかをきめることとに、ある程度の選択が必要である。

私自身はオクスフォードで博士号（Ph.D.）をとる課程へ進み、試験を受け、博士号取得者として登録されるに必要なかなり高額の金（当時としては）を納めれば資格と相応の栄誉を受けられる権利を得たが、結局その資格は取らないことにきめた。このことは、人生は博士号なしにも開けることを証明するものである（ともあれ博士号登録は当時のオクスフォードではひどく不人気で、私自身の指導教師のJ・Z・ヤングは博士ではなかった。ただし彼は後に多くの名誉学位を贈られたが）。

指導教師を選ぶ容易な方法は、手近な人を選ぶことである。自分の大学院の教室主任とかその他の上級スタッフで助手や補助員をさがしていそうな人など。こういう人を選べば、大学院生は自分の意見や住居や友人を変えずにすむという便宜が得られるが、旧来の識者はこのやり方にまゆをひそめ、若い大学院生が同じ学部に留まることに強く反対している。おしゃべりにふけるとか、学問の近親交配の害悪の温床になるとかいうのであり、「旅は見聞を広める」という程度の陳腐な考えから大学院生たちは他所へ出るようにと勧められる。

こういう旅にでることがぜひ必要だと考えられてはならない。近親交配はしばしば、偉大な学派が築きあげられる道である。大学院生は、自分の属する教室で進められている研究を理解し誇りに思うなら、自分たちの進路を心得ている人たちと歩調を合わせてゆくのに最善のことができよう。大学院の学生は、自分の情熱をかきたててくれた研究や自分の賞讃や尊敬の的になった研究をしている教室へ全力をつくしてしがみつくべきであり、単に何らかの研究が進められている職場へ口があれば就職するのでは、うまくなじめないであろう。

確信をもって言えることは、どんな年齢のどんな科学者でも、**重要な発見をしたいと思うなら、重要な問題に取り組まねばならない**ということである。つまらない問題やばかげた問題に取り組めば、つまらない答えやばかげた答えしかでてこない。問題が「興味ぶかい」というだけでは充分でない。ほとんどどんな問題も、充分深く研究されるなら興味ぶかいものだからである。

やるに値しない研究の一例として、ズッカーマン卿は、あるひどく茶目だがまったくの作りごとも思えない一例をあげた。動物学のある若い大学院生が、ウニの卵の三六パーセントが微小な黒い斑点をもっているのはなぜかを研究しようと決心したという。これは重要な問題には属さない。そんな研究が周囲の人の注目や興味をひきつけることはありそうもない。ただし、たまたま隣室にばかな同僚がいて、ウニの卵の六四パーセントが微小な黒い斑点をもたないのはなぜかを研究していたら別だが。その大学院生は一種の科学的自殺へ進んだのであり、その指導教師は大いに非難されねばならない。もちろん、これはまったくの作り話で、ズッカーマン卿はウニの卵に斑点などないことを充分承知のうえで言ったのである。

それればかりでなく、問題は、どんな答えが得られるのかが——科学一般にとって、または人類にとって——重要なものでなければならない。科学者たちは、全体としてみれば、何が重要で、何が重要でないかについて、驚くべきほど見解が一致している。一人の大学院生がセミナーを催したら誰一人やってこなかったり、誰一人質問してくれなかったら悲劇だが、先輩か同僚の一人が勇ましく発した質問が、その人が自分のしゃべったことを何一つ聴いていなかったことを暴露したなら、いっそう悲劇である。しかし、それは自分の前途への警告だ。

孤立は大学院の学生にとってはうまくない。それを避けねばならないということが、議論のわいている研究集団への参加を勧める最善の論拠の一つである。それが当人自身の研究室である場合もあるが、そうでない場合は、大学院生は先輩たちが彼に大学院生としてこっちへくるようにといろいろ勧誘するのに抵抗しなければいけない。この警告が必要なのは、一部の先輩たちは自分たちの裁量権内にある大学院奨学金などを餌にして、さもなければやってこようとしない学生をひきいれようとするにすぎないからである。昨今のように道具を使い棄てにできる時代には、大学院の学生を同じ精神で――すなわち使い棄てにできる助手として――扱うことがあまりにも容易になったのである。

大学院生は、博士号をとった後は、博士論文の主題を生涯研究し続ける必要はけっしてない。当初の論文の未完結な部分を補足したり、魅力的な枝道をたどってゆくことは、やりやすくて、やってみたいものであるにせよ、である。成功する科学者の多くは、一本の主要な研究路線に落ちつくまでに、ひじょうに多くのさまざまな仕事を手がけてみるのであり、こういうことは、理解のある先輩に使われている時と、大学院生時代にまだ特定の仕事を課されていない時にのみ許される特権である。特定のテーマを課されてからは、それを研究することが義務になる。

博士号をとったばかりの者はまだほんの初心者であるため、近代科学の領域では、新しい移動運動が流行してきた。それは今では、かつて博士号そのものの取得（私の時代のオクスフォードでは不人気だったこと）が新流行になったのと同様の速さでひろがりつつある。この新しい運動は、ポストドク（postdocs 博士号取得者）の移動である。大学院での研究と学会への出席は通常は大学院の学生たちに、自分が大学院での研究を始める前に身につけていればよかったと思うような判断能力を与えるものである。その後になって彼らは、真に興味ぶかくて重要な研究が行なわれている場所、とくに気心の合った仲間たちによってなされている場所についての知識を大いに増やすことになる。博士号取得者のうち最も精力的な人たちは、そういう研究グループのどれかへ加わろうとする。先任の科学者たちはそれらの人を歓迎する。なぜなら、それらの人たちは自ら選んで参加してきたのだから、仲間にとけこみやすいからである。こうして博士号取得者たちは新しい研究世界へ招き入れられるのである。

Ph.D. をとるための苦行の問題をどう考えるにせよ、博士号取得後のこの新しい革命は無条件によいことであり、科学に資金を提供する人たちが、この新しい動きを衰退させないようにすることが強く望まれる。

研究のテーマと参加する研究室を選ぶさいには、若い科学者は次のような流行に気をつけねばならない。すなわち、分子遺伝学とか細胞免疫学とかいうような一大合奏の流れに身を投ずることと、単に例えばある新しい組織化学の手法とか新装置とかいうような当面の流行に和することとは、まったく別のことなのである。

4　科学者として進むための装備の仕方

研究に使われるテクニックや補助学科は、ひじょうに多くて複雑だから、入門者はびっくりして「装備を整える」ために研究を中止することになりやすい。一つの研究事業がどんな所へ進んでゆくかや、進むにつれてどんな技量が必要になるかは、前もってわかりはしないから、この「装備を整える」作業にはあらかじめ決定できる限界はなく、とにかく、ひどく心理学的な問題である。われわれはつねに、現在もっているよりずっと多くの知識や技能を必要としている。しかし新しい技能や補助学科の習得を強く促されるのは、それを使う必要に迫られた時である。それゆえ、多くの科学者は（私も確かにその一人だが）、新しい技能の習得や新しい学科の勉強は、やらねばならない圧力がかかるまではやりはしない。必要に迫られれば、かなり速やかに習得できるものである。そういう圧力を受けないと、人はいつまでも「装備作り」を続け、「夜学の常連」になったりしがちで、しばしば、修業証書や免許状をいっぱいもっているのに疲れてぐったりしていることになる。

文献を読むこと

入門者が「文献をマスターする」のに何週間も何ヵ月も費やしがちになることに対しても、ほぼ同じことが言える。書物の読み過ぎは想像力を萎縮させるおそれがあり、他人の研究をいつまでも読みふけることは、しばしば、心理学的には研究の代用になるが、これはロマンチックな小説を読むことが実際のロマンスの代用になる程度と大差ない。科学者は「文献」については人によってひじょうに異なる見解をもつ。ある人々はごくわずかしか読まず、口頭の情報や、送られてくるプレプリント（前刷り）や、科学の進歩に聴き耳をたてている人へ伝わってくる非公式の情報などに頼る。しかし、そういう情報は特権者用であり、すでに学界の先頭にたった人で、他の人々がその人の反応を聞きたがるような識見を具えた人が利用するものである。初心者は文献を読まねばならない。しかし意図的、選択的に、かつ多すぎずにである。若い研究者がいつも図書室で雑誌の上に背をかがめているのより悲しい光景は少ない。研究に熟練する最善の道は、研究をどんどん進めてゆくことである――もし必要なら、しつこく助けを求め、先輩にとって新参者を助けない口実を考えるよりは助けるほうが結局は楽であるようにすればいい。

結果を得ること

たとえオリジナルでなくても、とにかく結果を得ることは心理的にきわめて重要である。他人の研究の追試によってでさえ、結果を得ることは、大きな自信をもたらす。若い科学者はついに自分が仲間入りできたと感じ、セミナーや学会で立ちあがって、「私自身の経験では……」とか「私もまったく同じ結果を得ました」とか「私も同感です。この目的には94番の媒質が93番より確かにいいと思います」と発言することができ、緊張にふるえながら腰を下ろして、ひそかに胸を躍らせるのである。

経験を積むにつれて、彼らは、自分自身が研究を始めた頃をふりかえり、当時はまるで無知、無装備だったから、よくもまあ無鉄砲な船出ができたものだと思う時期に達する。おそらく無鉄砲だったのであろうが、幸いにも血の気が多かったから、自分と似たりよったりの人たちがうまくやれたことが自分にできないはずはないと思えたし、と同時に決してのぼせあがってはいなかったから、自分のもっている装備がいつまでもこれで充分なはずはなく、自分の知識にはつねに穴や弱点があり、りっぱにやってゆくためには生涯勉強を続けねばならないということを、理解できたのにちがいない。私の知るかぎり、たえず学んでゆくことに胸をはずませない科学者は、どんな年輩の人にも、一人もいないのである。

装置

古風な科学者はしばしば、自分の使う装置を自分で作ることの修道的な価値を強調する。もしこれが部品を組みたてる程度のことなら、大いに結構なのだが、オシログラフのようなものは無理だ。近代的な装置はたいてい、自作するには複雑微妙すぎる。必要な装置がまだ市販されていないというごく特殊な場合でなければ、自作するのは賢明でない。装置を考案し製作するのは科学的職業の一分野である。若者は二つの分野に乗りださずに一つの分野で満足すべきである。とにかく、道草を食っているべきでない。

ノリッジ卿は電灯を修理しようとした
そのため卿は感電死――ざまを見ろ
金持ちのやるべきことは、だな
職人に職を与えること、だよ

ノリッジ卿のことはよく知らないが、ヒレール・ベロック氏は本当にそうなった。もちろん科学者たちは金持ちではないが、彼らに与えられる研究資金の額は、ふつうは、必要な装置を買うことができるように計られている。

解けるものを解く

ドイツの宰相ビスマルクとイタリアの宰相カヴールは政治を「可能なことをする術」と述べたが、この先例にならって私は科学研究を「解けるものを解く術」と述べた。一部の人々はこの言葉をほとんど故意に誤解し、私が唱えたことは、速やかに解けるやさしい問題を研究せよということだと解した。私を批判した人たちは、解けないということが主な魅力（彼らにとっての）であるような問題を研究している人たちだった。しかし私が言おうとしたことは、科学研究という術は、相手の弱点——柔らかい下腹部のような点——に取っつく方法を見いだすことによって問題を解けるようにする術にほかならない。しばしば問題を解く鍵は、従来「かなり多い」とか「かなり少ない」とか「多くの」とか、科学の文献で最も始末の悪い「顕著な」（例えば「この注射は顕著な反応をひきおこした」というような）という言葉で表わされていた現象や状態を定量的に表わす方法を案出することにある。定量化そのものは、それが問題の解決を助ける限りにおいてしか価値はない。定量化自体は、科学的になることではないが、それを助けるのである。

私自身が本格的な医学研究者になった最初は、マウスまたは人間が他のマウスまたは他の人から移植された組織に対して示す反応の強さを測定する方法を案出した時であった。

5 科学における性差別と人種差別

科学への女性の進出

世界全体では何万人もの女性が科学研究または科学に基づく職業に従事している。これらの諸活動への女性たちの適否は男性の場合とほぼ同じであり、かつほぼ同じ理由による。成功している人は、精力的で聡明で、「献身的」で勤勉であり、怠惰で想像力が乏しかったり愚鈍な人はだめになる。

科学の本性を扱う第11章で述べる「直観」と洞察力の重要さに照らせば、女性は性格的にとくに直観的だという性差別論者の幻想に基づけば、女性はとくに科学に向いていると期待したくなろう。しかしこういう見解は今日女性たちが広く抱いてはいないし、私もそれは決して本当らしくないと思う。なぜなら、その意味での「直観」（女性がとくに多くもっているとされているもの）は、科学を生みだす活動である想像力に富む推理力よりは、人間関係における特殊な敏感さを指すものだからである。しかし、たとえ女性が特別に適してはいないにせよ、科学の職業は聡明な女性にとっては特殊な魅力がある。長らく以前から大学や大研究所は、女性に男性と平等な処遇を与えることが組織の利益のためになることを身をもって知るようになった。このような処遇の平等は、価値の平等性に由来するものであり、今日世の企業の雇用主たちに女性を人間として扱うことを要求している新設の法的な義務のように強制されて概していやいやながらなされていることではない。

「女性科学者になるのはおもしろいね。競争しなくていいから」と、ある人が私に言ったことがある。たしかに競争しなくてもいいかもしれないが、実際には競争する。しかも、隣室の男性と寸法たがわず、自分のプライオリティが犯されはしないかと心配もするし、自分の仕事にとりつかれて夢中になりもする。科学者になることはおもしろく、これは確かだが、その理由は男女のちがいとは関係がない。

科学の職業に入る若い女性で、子どもを産みたいと思う人は、入ろうとする職場の出産休暇や有給育児休暇などの規則を調べなければならない。昼間の保育施設があるかないかも考慮しなければならない。

若い女性が、親や旧式の先生が心配してとめるのに抗して科学者になることを主張しようとするなら、女性が科学でりっぱにやってゆけることを示す証拠としてキュリー夫人をあげるのは用心せねばならない。とび離れた実例を一般化しようとする傾向は、女性が生まれつき科学への適性をもっていることを人に納得させはしない。キュリー夫人ではなく何万人もの女性が科学の研究で稼ぎ、しばしば幸福であることを、証拠としてあげるべきである。

ますます多くの女性が学問的職業へ入ってくることが望ましいのは、女性たちに有利な勤め口を与えるとか、彼女らのもつ能力を充分に開発する機会を与えるとかいうことを主な目的としてのことではない。何よりも大きな理由は、世界は今やきわめて複雑かつ急速に変化しつつあるので、人類の約半数の人の知能と技能を利用することなしには、（社会の改良どころか）世界を維持してゆくことさえできないからである。

配偶者は不運か？

私がロンドンのユニバーシティ・カレッジ――「ロンドン大学」という連合体のなかの最古で最大の大学――の動物学の教授（学科主任）をしていた時期（一九五一―六二年）の出来事で最も鮮明に思いだされる光景の一つは、クリスマスの朝に教育と研究のスタッフが集まるコーヒーの会の光景である。

いったい何をあの人たちはクリスマスの日にあそこでやっていたのだろう。一人か二人は明らかに孤独で、同じ道路（丘をぐるっと上ってくる道路）で旅行者と特殊な道づれになることを楽しむためにやってきたのだ。他の何人かは進行中の実験を見守るため、そしてついでにマウスにクリスマスのごちそうをやるためにやってきた。千匹のマウスがコーンフレークを食べながらあげる叫びは、マウスが好きでその幸福を願う人たちの耳に楽しく響いたであろう。しかし、その小集会に集まった男の大多数は、若い家族の父親である点で共通していた。だから自宅では、妻が若い母親としての日々の奇跡を演じていた。実際の二倍の人数がいるかのような子どもたちの自然の本能のあれこれを楽しんだり、なだめたり、抑えつけたり、最善の本能を伸ばそうとして奮闘していた。

男性であれ女性であれ、あえて科学者と結婚しようとする人は、厳しい経験の後にではなく、前もって、自分の配偶者は家庭外の生活においてはもちろん、おそらく家庭内でも、とかく第一に何ものかにとりつかれている人間であるということをはっきり知るべきである。従って自宅の床を子どもがあまり跳ねまわっていてはいけないし、科学者の妻は家事についてはヒューズの修理や自動車の手入れや家族の休日の計画などまで男の役割も果たさねばならないかもしれない。逆に、科学者の夫は、（願わくば妻よりは楽な）仕事から帰宅した時、食卓に「若鳥のモモ焼きからマヨラナ（薬味）の香りまで」がそろっていると期待してはならない。

夫婦の研究チーム

一部の研究所は、夫婦を同一の研究室に雇わない規則を設け、夫婦の研究チームができるのを防いでいる。この規則はおそらく潔癖な管理者が、えこひいきと研究の「客観的」評価が損われるおそれとを防ぐために案出したのであろう。この規則はしばしば賢明と考えられているが、その理由は、後にあげる選択的な記憶のわなの一つのために、われわれは夫婦の研究チームが瓦解した例を、うまく続いた例よりも記憶に留めやすいからである。この点は有能な科学の社会学者による研究の余地があり、そういう研究がなされるまでは、夫婦の研究チームがうまくゆくか否かは臆測しかできない。

私は、共同研究がうまくゆくために充たされねばならない条件（第6章）は、夫婦の場合には、偶然形成されたチームの場合より厳しさが少ないと信じることは困難である。

私の思うに、効果的な共同研究のための必要条件は、夫と妻が充分におとなの意味で互いに愛しあうこと、すなわち、幸福に結婚した夫婦でも達成に長い年月がかかることのある慈愛と相互理解をもって、最初から協力してゆくことである。

夫と妻の間の競争は特に破壊的である。そして私はかつては、夫と妻の研究チームの間では能力にあまり大きな優劣があってはならないと思っていたが、今ではそうは言いきれない。競争が無益であることがそもそも自明である場合のほうが、ことはより容易かもしれない。

ただし礼儀について一つ重要なことがある。夫婦からなる研究チームのメンバーは、共同研究の成果について、その功績がどちらに帰するかを公に言おうとするべきではない。一方があらゆる功績を他方に帰することは、一方が功績を自分だけのものだと唱える場合と同様に耳ざわりである。

一個の研究チームのメンバーは誰しも、協力を喜びよりは苦行にするような好ましからざる個人的習性をもっている可能性があるという私の警告（第6章）は、夫婦の研究チームにもまったく同様にあてはまる。ただし、不幸なちがいがある。すなわち、夫と妻との間のコミュニケーションの伝統的な率直さが、同僚に対して君はなんて扱いにくい奴だと言うのをさしひかえる礼儀を棄てさせてしまいがちである。しかし、礼儀は協力のためには寛容に劣らず大切であり、この原則が夫婦に対しては他のチームに対してほど強くはあてはまらないなどということは、およそありえない。

ショーヴィニズムと人種差別はもっと一般的である

女性は科学的能力において男性と体質的に異なっており、かつ異なると予想されるべきだという考えは、人種差別の縮小された家内的な形態であり、また、科学的な手腕や能力には生まれつきの体質的な種別があるというもっと一般的な考えの一つである。

ショーヴィニズム

あらゆる民族（国民）は、わが民族には何らかの特別な科学の才能があると思いたがる。それはわが国には国営航空だの核兵器だののがあるとか、わが民族はサッカーが強いとかいうことよりも高い民族的な誇りの源になる。「化学は、まさしくフランスの科学である」とラヴォアジェの時代のある人物が言ったが、私は少年時代にそのごうまんさに憤慨したことを今でも覚えている。その言葉は、かつてのドイツ化学にこそはるかにふさわしいものだった。偉大なエミール・フィッシャー（一八五二―一九一九年）とフリッツ・ハーバー（一八六八―一九三四年）の時代には、イギリスとアメリカの若い化学者たちは続々とドイツに渡り、進んだ生化学を学んで当時新流行のドイツのPh.D.をとろうとしたのである。*

今日多くのアメリカ人は、まったく当然のことのように科学ではアメリカが最高だと思いこんでいるが、彼らがその証拠として熱心にあげたてることはしばしば、熟練した社会学者なら即座に斥

＊　ドイツ化学がいかに重視されていたかを示す最も明白な証拠は、ドイツ語の学習が化学者志望の学生にとって長らく必須だったことである。

けることができる種類のものである。私はかつて、若い実業家がいっぱいいる郊外のテニス・クラブのバーで、こんな言葉を耳にした。「もちろん、日本人とのトラブルは彼らがよその模倣しかできないためさ。彼らには独創性がないんだ」。いったい、あんなことを大声で自信たっぷりに言った人たちは——彼らは別の時には、自動車の高速化は、事故の原因になりやすいどころか、実は安全性を高めるものだと言い張るのだが——、とにかく彼らは日本人が底知れず器用で発明の才に富むことに気づいているのだろうか。日本の科学と科学に基づく産業との戦後の繁栄は、全世界の科学と技術にすでに大きく貢献したのである。

私の知る限りどんな民族も、そのような好機のもとでは、きわめて有能な科学者をたくさん生みだし、世界の科学に対し人口相応の大きな貢献をした。地域的な差というものは原理的にみて本質的にはありそうもなく、経験を積んだ科学者なら、そんなものがあると本気で信じる人はない。国家主義の用語は科学の世界には通用しない。外国人の科学の講演が終わったとき誰かが「むろん、あのスライドは上下あべこべだったんだが、あれはあの国のやり方さ」などとささやくことはない。

あらゆる国の科学者の集まる大研究所——パリのパストゥール研究所、ロンドンの国立医学研究所、フライブルクのマクス・プランク研究所、ブリュッセルの細胞病理学研究所、ニューヨークのロックフェラー・ユニバーシティ——では、人々の国籍はほとんど問題にされず、頭にさえめったに浮かばない。アメリカ人の数が格段に多いことと、彼らが気前よく全世界に研究資金を投じたり国際会議を組織してきたために、ブロークン・イングリッシュが科学の公用語になった。国際会議でお国ぶりが現われるのは、研究のスタイルのちがいによってではなく、講演のしゃべり方の調子のちがいによってである。アメリカ人の特徴は、声が低くて単調とさえ言える点であり、これと比較しておもしろいことにイギリス人は声を上げたり下げたりする。これはアメリカ人には滑稽に聞こえるが、イギリス人にはスウェーデン人の話しぶりが滑稽に聞こえる。

知能と民族性

私は「知能」という言葉*が意味をもつと思うし、知能には遺伝的な差があることも信じるが、知能というものはただ一個の数値——IQ（知能指数）等々[1]——で定量的に表現できる単純なスカラー量であるとは信じない。知能をそういう単純な量と考える心理学者たちはこれまで、大変愚かな主張にはまりこんできた。すなわち、それらの主張が問題をわざわざ紛糾させようとして唱えられ

* 私はかつて、知能（intelligence）という言葉はまったく無意味であると唱えたある人類遺伝学者と話したことがある。そのとき私は、その男に、あなたは *un* intelligent だと言ってみた。すると彼は腹をたて、私が彼に、あなたは intelligence が欠けているという言葉にどうしてそんなに明瞭な意味を与えているのですかとたずねても、彼は怒りを和らげてくれず、けんか別れになった。

たのではないと信ずるのも難しいほどに愚かな主張である。

「知能検査」が第一次大戦のアメリカ軍の志願者選抜と、それ以前にもアメリカへの移民志望者に対してエリス島の移民審査所で使われたことの結果、莫大な量の本質的に信頼のおけない数値的データが集積され、それらの分析の結果、知能検査心理学者たちはひどい愚論におちいった。最もひどい例をあげよう。ヘンリー・ゴダードは移民志望者の知能を調べた結果、入国を求めるユダヤ人の八三パーセントとハンガリア人の八〇パーセントは精神薄弱者であると結論したのである(2)。

ハンガリア人とユダヤ人についてのそのような判断は、次のような人々の眼には特別腹だたしいであろう。すなわち一部の人々は、正しいか間違っているかはともかく、ユダヤ人は科学とその他の頭脳職業には特別適していると信じているし、またトマス・バロー、ニコラス・カルドア、ジョージ・クライン、アーサー・ケストラー、ジョン・フォン・ノイマン、マイケル・ポラーニ、アルベルト・セント゠ジェルジ、レオ・シラード、エドワード・テラー、ユージーン・ウィグナーといったきらびやかな才人たちの存在が、ハンガリア人の体質に何か特殊なものがあることを示しているにちがいないと彼らは信じているのである。

だが、そういう意見は、世の批判を浴びるにふさわしい人種差別と同じであろうか。いや、それは決して人種差別ではない。なぜなら、そこには遺伝的優越という観念は含まれていないからである。ハンガリア人というのは一つの政治的概念であり、一つの人種ではない。また、ユダヤ人は一つの人種としての生物学的特徴をいろいろもってはいるが、彼らが科学やその他の学術一般で格別すぐれているのには非遺伝的な充分な理由がいろいろある。ユダヤ人が学問を伝統的に尊重すること、ユダヤ人の家族は自分たちの子どもを何らかの学問的職業の門へ入れるために犠牲を払う用意をもっていること、ユダヤ人は互いに助け合うのをいとわないこと、そしてまた長い悲惨な歴史が多くのユダヤ人に、競争的でしばしば敵対的な世界で安全と出世を最も期待しうるのは学問的職業であることを悟らせたこと、などである。

ハンガリアの知識人の勢ぞろい（その多くはユダヤ人でもある）についていえば、それを遺伝に帰する解釈は次のことを反省すれば直ちに斥けられる。すなわち、この種の世界的栄冠に対しては、それと同等またはいっそう際だった一群の人々がウィーン周辺から輩出されたのである——ヘルマン・ボンディ、ジクムント・フロイト、エルンスト・ゴンブリッチ、F・A・フォン・ハイエク、コンラート・ローレンツ、リーゼ・マイトナー、グスタフ・ノッサル、マクス・ペルツ、カール・ポパー、エルヴィン・シュレーディンガー、ルートヴィヒ・ヴィトゲンシュタインなどである。

これらのすばらしい才人たちの星座がどうして生じたかは、文化史家や社会史家による研究と説明を期待する。

もし、私の信じるように、科学の研究は常識の巨大な展開であるとするなら、「科学」を「する」能力には何らの重大な民族差がないということは、常識は人間のあらゆる天分のなかで最も平等に配分されたものであるというデカルトの主張を裏づけるものとみなせよう。

（1）P. B. Medawar, "Unnatural Science," *New York Review of Books* 24 (Feb. 3, 1977), pp. 13-18 参照。

（2）L. J. Kamin, *The Science and Politics of IQ* (New York: John Wiley & Sons, 1974) の一六ページに引用されているゴダードの見解（一九一三年の *Journal of Psycho-Asthenics*)。

6　科学者の生活と作法の特殊性

科学者は、自分が次のような連中の一人になってしまったことにすぐ気づく。「いったい連中は何をやらかしたのか？」とか「連中の話ではわれわれは五〇年以内に月に植民するんだそうだ」という意味の「連中」である。

科学者たちはもちろん人々によく思われたいし、他の頭脳職業人の場合と同様、自分たちの職業が尊敬されることを望む。しかし彼らは最初から、こういう状況にぶつかる。自分に会った人が、こちらが科学者だと知ると、とかく、次の二つの、どちらも正しくはありえない意見のどちらか一方をとるのである。すなわち、相手は科学者だから、どんな話題についても、その話題についての相手の判断は、(a)特別の価値があるか、または(b)ほとんど無価値であると見るのである。こういう見方は、政治的な信条についてわれわれがとりがちなのと同じ種類の習慣的で固定的な見方であり、政治的信条についてと同様に理由を議論したり考えを変えさせることがまったくむずかしい。しかし、科学者はどちらの場合も相手の心理を害さないように努めるべきである。「私が科学者であることは、私が……について専門家であることを意味しませんから」と言うのがあらゆる場合に通用する公式である。この文章のなかの「……」は、話題がちがえば、それに応じてちがってくる。例えば、比例代議制とか、死海の書とか、聖職への女性の適性とか、ローマ帝国東部諸県の行政問題とか等々である。しかし、話題が炭素による年代測定とか、永久運動機械をつくれる見込みとかの場合なら、科学者は何か明確な答えを与えるために声を少々高めることができよう。

ときおり科学者は、世間から無教養だと思われたくないために、自分が本当はもっていない文化的興味や文化的知識をひけらかそうとすることがある。極端な場合は、聴衆は、流行の文芸評論家からの受け売りの話の羅列や、『ポギ・ボンシ枢機卿の黙想録』なんてものからのうろおぼえの抜粋をがまんして聞かされることになる。

しかし科学者たちは用心しなければならない。にせものはたいてい容易にそれとわかるのであり、科学者の場合はとくにそうである。なぜなら科学者は、知識人風または文芸家風のおしゃべりに慣れていないなら、誰も訂正してくれないような発音のまちがいや、誰もわざわざ論駁するに値しないと思うような文化上のひどい思いちがいによって、自ら化けの皮をはがすことがあまりにも多いからである。

文化への報復

科学者は、文化的問題で他人にばかにされたり、自分は不利だと感ずるとき、しばしば、人文学や芸術の世界から苦い思いで身を退くことによって自ら慰める。心を傷つけられたことを癒すもう一つの道は、物知り屋（know-all）になることである。そうすれば聴衆は、流行の映画・演劇のシナリオだの、パラダイムだの、ゲーデルの定理だの、チョムスキーの言語学の重要さだの、バラ十字会が芸術に与えた影響だのの話によって眩惑される。これは確かに野蛮人の側からの報復と言えるが、当の科学者の以前の友人たちは彼がやってくるとばらばら逃げだすという結果ももたらす。物知り屋の特徴を示すには、次の言い方より適切なものはない。――「もちろん、本当はxというようなものは存在しません。たいていの人がxと呼んでいるものは、実はyなのです」。この文章のxは、人々が信じているものならほとんど何でもいい。例えばルネサンスとか、ロマン主義の復興とか、産業革命とか。yのほうは、ふつうは、プロレタリアートに抱かれて初めて躍動しつつある何か（「知識階級」によるかつての知の体系になかった概念）である。しかし物知り屋になる危険は科学者という職業にとってはさほど深刻ではない。私が知った最悪の物知り屋は、二人とも経済学者だった。

科学者は、右の二通りの報復のどちらを選ぼうと、すなわち、文化への関係から身を退こうと、同胞たちを全能の知識で眩惑させようと、こう自問すべきだ――「いったい私は誰に報復しているのか」と。

文化的野蛮と科学史

科学者は、例外を除いては、無教養で美的感受性が鈍いか俗悪であるとされている。これがいかにいやであろうと、再び警告するが、若い科学者は、このそしりを斥けるために教養の見せびらかしを試みてはならない。とにかく、このそしりには、ある点で充分な根拠がある。私の思うに、多くの若い科学者は思想の歴史にはまったく無関心である。彼ら自身の研究の根底にある思想の歴史についてもである。私は『進歩への希望』という著書〔千原呉郎・千原鈴子訳、東京化学同人〕で、こういう精神的態度の弁解を試み、次のことを指摘した。すなわち、科学の成長は特別の種類のものであり、科学はある意味でその文化的歴史を自己自身の内に含んでおり、一人の科学者がすることはすべて、他の科学者たちが以前にしたことの関数であり、科学においては過去が、あらゆる新しい考えのなかのみならず、新しい考えが生みだされる可能性そのもののなかに具体化されている。

きわめて優れたフランスの歴史家フェルナン・ブローデルは歴史について、「それは現在をのみこむ」と言った。私はその意味がよくわからないが（フランス語で言われた深刻な警句だが）、科学では、おそらくその逆がなりたつ。現在は歴史をのみこんでいる。これは、思想の歴史に対する科学者の誤った無関心の言いわけにいくぶん役だつ。

もし知識の量や理解の程度を、時間を横軸にしてグラフに書くことができるなら、曲線の高さよりは曲線と時間軸との間の面積のほうが、任意の時刻における科学の状態を正しく表わすであろう。それはともかくとして、思想の歴史に対する無関心は文化的野蛮さのしるしだと世間から解釈されている。私もこれは正しいと言わねばならない。なぜなら、思想の成長と流動に関心をもたない人は、おそらく精神生活に関心をもたないからである。進んだ研究分野で働く若い科学者は、現在の諸説の起源と経歴を知ろうとすべきである。私利が動機となるべきではないが、もし若者が自分は全体の流れのなかのどこに位置するかを知ることができれば、おそらく自信を高めることができよう。

科学と宗教

〝彼の宗教は紳士の宗教である〟とその対話は進む。
〝それなら、それはどういうものなのかね〟
〝紳士は宗教を論じないものだ〟

これは、対話の格別不快な断片である。それは誰をもばかにしたものだからである。しかし、この〝紳士〟のところを〝科学者〟に置き換えると、対話はいっこうに改善されないが、それはひじょうに多くの科学者が宗教を信じていないことを表わすもっと真実な文章になる。

科学者が自分自身と自分の職業との信用を落とす最も手早い方法は、次のようなことをあからさまに公言すること——とくに何もたずねられていない場合に——である。すなわち科学は、問うに値するあらゆる問題に答えることができる、またはできるようになるのであり、科学的に答えることができない問題は、本当はまったく問題にならないこと、または「にせの問題」で、あほうでなければ問わず、おっちょこちょいでなければ答えられるとは言わない問題であると。

幸いにも、そう思っている科学者がいかに多いにせよ、そんなことを人前で言うほどばかか、とんまな科学者は今ではごく稀である。世のものごとをわきまえた（philosophically sophisticated）人は、宗教的信念に「科学的」な攻撃を加えることは、たいてい、それを擁護するのに劣らずまずいことを知っている。科学者たちは宗教について特権的な立場から発言しはしない。ただし、神の摂理（デザイン）からの論証（Argument from Design）を好む人たちは、万物の自然の秩序の壮大さを素人よりも目敏く見て取る立場にあるということを別にしては。

科学に弁護の余地があるか

私は自分が科学者たちに卑俗な態度をとるよう勧めているのだと思われたくない。科学者たちはこの職業の評判を落とさないよう努力すべきである。すでに人々は、科学と文明は人類の福祉のために肩を並べて共通の努力をしているのだとは信じていない。科学者たちの仕事の成果は、人類の運命を改善するどころか、ふつうの人々が高く評価しているものの多くの価値を下げるのだという説に、科学者たちは出会うにちがいなく、そういう説を斥けるための適切な方法をあみださねばならない。世間では、科学のおかげで芸術は技術によっておしのけられてしまったと言っている。肖像画は写真によって、生きた音楽は機械音楽によっておしのけられ、昔流の堅い皮のパンの代わりに、化学的漂白等々によって「改良され」、ビタミンを破壊され、ビタミンを添加され、蒸気で焼かれ、スライスされて、ポリエチレンで包装された四角いパンが普及した。

もっとも、これは新しいことではなく、科学よりは、製造業者と不正直な販売業者の強欲と便宜のためである。十九世紀の初めにウィリアム・コベットは、働く人々はすべて自分のパンを自分で焼くべきだと考え、今日のわれわれならおそらくうまいと思うようなパン屋のパンをこきおろし、それはミョウバンが混じっていて、じゃがいも澱粉をたっぷり含み、「麦の自然のうまみが、おがくずと同様に」欠けていると非難した。

現代の「食品科学」を弁護するには、食料品が製造されるのは人々が買いたがるからだと言うのは決して適切でない。そういう弁護は、供給は需要を創出するという経済学の原理を無視したものである。とくに、供給にともなうけばけばしい広告が、スライスパンは実は昔のパンよりも自然で、小麦畑の日光をいっそうたっぷり含んでいるのだと人々に思いこませる場合は、なおさらそうである。かつてわれわれが買っていた街角のパン屋は、スーパーマーケットによって駆逐されてしまった。だが、科学に公正であるためには、こう言わねばならない。自然の全麦でつくったパンや玄米は、白米や、漂白・ビタミン破壊・ビタミン添加等々したパンよりずっと健康にいいということを明らかにしたのは科学者にほかならないと。しかし、人々に、かからないですんだはずの病気の対策に声援を送るよう期待するのはむだである。

科学は過小評価されているか

科学者たちは、自分たちの職業に世間の大部分の人がほとんど関心も興味ももっていないことを、ときどき少々残念に思う。

このような真実または見掛け上の無関心を説明するのに、ヴォルテールとサミュエル・ジョンソンは意見が一致した。意見が偶然一致したとは思われないから、そこには確かに何かがあるにちがいない。その説明は正しいから、科学者たちは、たとえ不快であっても、それを認めるに越したことはない。科学は、主として、人と人との関係に対しては大きくかかわりはしない（does not have a major bearing）。例えば、支配する人と支配される人との関係とか、愛情とか、喜びや悲しみの原因とか、美的な快楽の特質と強度などに対してはである。

ヴォルテールは、その論文集『哲学辞典』のなかで、自然科学は「人生の行為にはほとんどなくてすむものだから、哲学者たちはそれを必要としなかった。自然界の法則の一部分を知るには何世紀もかかったが、賢者が人間の義務を知るには一日で足りた」と述べた。

サミュエル・ジョンソンはその著『ミルトンの生涯』で、ミルトンとアブラハム・カウリーが学者は旧来の通常の諸課目に加えて天文学と物理学と化学を修得すべきだという考えを抱いていたことを批判し、こう述べた――

本当は、外部の自然界を知ること、および、それを知るに必要な、またはその知識に含まれるところの諸科学を知ることは、人間精神の大きな用務でもなく常々の用務でもない。行動のためであれ会話のためであれ、人の役にたとうとするためであれ、自ら楽しもうとするためであれ、われわれにとって第一に必要なのは、正邪についての宗教的および道徳的な知識である。次に必要なのは、人類の歴史と、真理を体現していると言えるような実例であって、事実によって意見の妥当性を証明してくれるものを知ることである。思慮分別と正義は古今東西に通じる美徳である。われわれは絶えず道徳家であるが、幾何学者であるのは偶然にのみである。われわれは理知的な自然と交わらねばならないが、物質について臆測することは任意であり、暇があればのことである。物理的知識はきわめて稀に問題になるものであり、人間は、水力学だの天文学だのについての自分の能力を試されることなく半生を知ることもあるが、徳性と思慮分別の不足は直ちに露見するのである。

これらの真理が科学者の自尊心を傷つけたり、自分が科学者であることの満足や誇りを減らすと考える必要はない。研究が成功している科学者や、研究に熱中して夢中になっている科学者は、自分たちと同じ歓喜を味わっていない人たちを気の毒に思うのであり、多くの芸術家も同じ感情をもつ。それが彼らを、一般大衆が自分たちに払うべきと思われる尊敬には無関心にさせるし、それはまた、そんな尊敬の代わりになってあまりあるものである。

共同研究

私の科学研究のほとんどすべては、他の人々との共同研究でなされたから、私は自分をこの問題の権威だと思っている。

科学の共同研究は、何人かのコックがスープ鍋で肘つきあうのとはまるでちがう。何人かの画家が同じカンバスに向かうのともちがうし、土木技師が山の両側からトンネルを掘るとき両方の坑道が真ん中でうまく出会うようにするのともちがう。

それは、計画の段階では、お笑いの台本作者のチームの討議にかなり似ている。どちらの場合も、何か一つのアイディアがパッとひらめくのは誰か一人の頭のなかでであることは各人が知っているが、チームのなかの一人のひらめきが他の人たちのひらめきを誘発して結局みんなが互いに他の人のアイディアを生みだしたのだという雰囲気をつくりだせることも各人が知っている。その結果、誰がどれを考えだしたのかが誰にもよくわからないのである。大切なのは、あるものが考えだされたということである。「そのアイディアは僕がだしたんだよ」とか「君たちはみんな僕の考え方に賛成したわけだから……」とかどうしても言いたくなるような若い科学者は、共同研究には適さず、そういう人は一人で研究したほうが当人にとっても仲間たちにとってもいい。古手の人たちはいつも新入りに対して、右のような討議で促進される精神的共働作業の産物ではなく、その若手自身がだした利発なアイディアを祝賀するものである。しかし、そういう共働作業（Synergism）こそが共同研究の鍵だ。それは、共同の努力はいくつかの別々の貢献の総和より偉大であることを意味する。ただし共同研究というものは、チームによる個人の抑圧をもたらすという御託宣がしばしば唱えられているにもかかわらず、決して強制的なものではない。共同研究はうまくゆく時は喜びだが、一人だけでうまくやってゆくことができる科学者も多いし、現にそうやっている人も多い。

いくつかのポローニアス的訓戒が、ある人が科学の共同研究に適しているか否かを示すに役だつ。仲間たちを好み、それぞれの人の特殊の才能を賞讃することができる人でないかぎり、共同研究は避けるべきだ。共同研究にはある種の精神的寛大さが必要であり、自分には人をうらやむ気質があると感じ、仲間にやきもちをやくような人は、けっして他人とチームを組もうとすべきではない。

チームを組むなら各人は時々こう自問すべきである――「奇妙にみえるかもしれないが、私にも悪い癖がいろいろあり、他人が私にがまんできるのは不思議なほどだ。例えば私は計算がのろいし、しばしばオペラのさわりの一節を思わず口ずさんでしまうし、決定的な記録をなくしてしまう癖があるし……」。

「私自身は、共同研究者として何が欠けているか？」を白状しろという読者がきっといるだろう。

私の場合も間違いなく、大きな欠陥が、それもたくさんあったが、私が今まで共同研究をした人の友情を失うほどひどいものではなかった。私は共同研究を特に好み、次々と格別有能で好ましい仲間と共同研究をすることによって全生涯にわたり大いに酬われた。

共同研究の成果が発表される時がくると、若い科学者は著者の列に自分が加えられることを期待して当然だが、ただし同僚たちが公正と考える以上に上位を占めることはできないし、同僚たちも彼をむやみに下位に置こうとはしないだろう。私自身はロイヤル・ソサイエティのアルファベット順のルールを好み、たいていそれを採用した。これだとZygysmondiなんて名前の人はいつもビリになるが、長い眼でみれば、Aaronsonなんて名前の幸運な人と似たりよったりのことになると思ったからである。

テクニシャン（技術員）も同僚のうち

私が研究を始めた時代には、英国クリケット・クラブ本部のあるローズ・クリケット・グランドでは、プロ選手とアマチュアとの間には文化的にも社会的にも深く隔たりがあるから、競技場に入るには別の門を使わねばならない（同じチームのメンバーでも）ということが当然とされていた。ウィンブルドンでは、プロ選手は競技に参加することさえ許されなかった。この規則のほうには、まだしも理がある。テニスではアマチュアはプロ選手から保護される必要があるからである。これに反しクリケットには、ジョージ・オーウェルが指摘したように、アマチュアがプロに対抗できるという注目すべき特性がある。

これと同じスノビズムが当時はテクニシャンに対しても当然のこととしてひろがっていた。彼らは研究室の雑役夫とみなされ、退屈な仕事や悪臭のひどい作業の大部分をやり、机に向かって偉いことを考えている師匠の指図を忠実に遂行すればよいとされていた。それが今では一変した――大きく改善されたのである。テクニシャンの仕事は今では重大になり、雇い主が採用資格として大学入学に匹敵するものを要求するほどになった。出世の道が開かれ、また彼ら自身の能力への自信が増したため、テクニシャンは自尊心の点でも向上した――これは「仕事への満足」にとってきわめて重要な要素である。彼らは、ある種の理論的または実際的な作業で研究職や教育職のスタッフよりしばしばすぐれているし、つねに当然そうあらねばならない。「当然そうあらねば」というのは、テクニシャンは、自分たちが助けるスタッフたちよりしばしば専門化することができるからである。しばしば研究職のスタッフたちは、教育や管理やそのほか種々の任務のために、テクニシャンよりも多くの問題に眼を向けていなければならず、しかも学部や大学院の学生をあまりにもたくさんかかえているので、自分がやることができねばならないあらゆることに充分熟達することが不可能なのである。

こんなことを言うと、プロ選手をコートに入らせるべきでないと考えられていた時代に今なおひたっている頑固者は驚くだろうが、テクニシャンは今では共同研究における同僚なのである。テクニシャンは、実験が何を調べることを意図するものであるのかということと、相互の協議によってきめられたやり方がどのようにして「仕事の総和をもたらす」（ベーコン）のかということに、充分に参与していなくてはならない。

テクニシャンで自分の仕事をうまくやってゆくに足りる才覚をもった人は、若い科学者に対して、学位や優等卒業証書をもっていても自分にはまだ科学研究について学ばねばならないことが多いこと——そしてテクニシャンを研究仲間として扱うこと以上に手早い学習法はないということ——を悟らせる方法をじきに身につけるものである。テクニシャンのほうは（すぐ後の「真理」の項をみよ）、自分が助ける人に対して、相手が最も期待しているような結果を告げたいと思う気持ちを抑えねばならない。メンデルの庭の園丁はたぶんそうしたのだろう。ただし、両者の仲が悪すぎて、テクニシャンが相手の歓迎しない結果を知らせるのを楽しむほどになるのは望ましくない。

共同研究は生涯の友情をもたらすことも、生涯の敵対をもたらすこともある。もしパートナーが寛容であるなら、きっと前者になるだろう——私の研究室のおおよその経験では。もしそうなら共同研究は喜びになるが、もしそうでないなら、共同研究をできるだけ早くやめるようにすべきである。

道徳的義務と契約的義務

科学者はふつうは雇用主に対して契約的義務を負うが、真理に対してはつねに特殊な無条件の絶対的な義務をもつ。

科学者だからといって、国家機密法を守る義務や、会社の規則に従って製造工程に関することを疑わしい外来者にうかうかしゃべらない義務は、何ら免除されはしない。とはいえ、科学者だからといって、良心の要請に対して耳をふさいだり心を閉じる義務や必要は、何らないのである。

一方には契約的義務があり、他方には正しいことをしたいという願望があるため、多くの科学者はまことに厄介な問題に取り組まねばならないことがある。取り組むべき時期は、道徳的ジレンマが生ずるより前である。もし科学者が、ある研究計画が人類に対して重大な危険や急速な破滅をもたらすおそれのある発見を促進せざるをえないと信ずべき理由をもっているなら、その研究に参加してはならない——そのような路線に賛成するのでないかぎりは。科学者はそのような野望を自分が憎むことを、問題の当初に気づくことはほとんどできない。もし道義的に疑わしい研究に参加するなら、あとでそれを人前で嘆くのは空しい。

真理

どんな科学者も、かなりの創意と想像力をもっていても、解釈の問題で誤りを犯すのは避けられない。すなわち、まちがった見解をもったり、批判に耐えられない仮説を提出したりすることである。もし誤りがそれだけなら、たいした害はなく、たいして悩まなくてすむ。そういうことは科学の世界ではありふれたことである。それが重大でないのは、誰かがまちがった説を唱えても、別の人が正しい説を出せるからである。これに反し、事実について誤りを犯すと――例えば科学者がリトマス試験紙が本当は青くなる場合に赤くなったと言ってしまったり――、眠れなくなり、信用を失うだろうというひどい後悔に悩まされるのが当然である。なぜなら、そういう誤りは、別の科学者が彼の発見を正しく解釈すること――その発見に依存すべき仮説を立てること――をひじょうに困難にし、不可能にさえするおそれがあるからである。

私は今でもはっきり覚えているが、あるひどくみじめな時を過ごしたことがある。白いモルモットの皮膚に、有色のモルモットなら色素を生産している細胞と相似の非色素性の細胞があることに関して、真に重大な事実的誤りを犯してしまったと、報告発送後に思いこんだ時である。その時、これもよく覚えているが、ある若い同僚がそれをひじょうに綿密に検証しなおして私を安心させてくれた。その再確認の仕事は顕微解剖的な技術に依存し、組織にある処理を二四時間にわたり施さねばならないものだった。私は彼に手をぬいて処理を急ぐように促したが、彼は兵役時代に海軍で訓練されたので、あくまで指図書通りにやりたがった。二人は二四時間待ち、その間に私は、みじめな気持ちで『ネイチャー』誌に撤回の手紙を書いていた。こういうみじめな時を味わったことのない科学者は幸運である。

ただし以上の話は、もちろん、問題を過度に単純化している。それは、どんな科学者もそうしがちなのだが、事実と理論との間に、すなわち感覚によって伝えられた情報と、それに基づいて構築されるものとの間に、明確で容易に見分けられる区別があると仮定している。今日の心理学者は誰もそんな見解をとらないし、ウィリアム・ホィーウェルも、最も単純な感覚的理解だと思われるものさえ、それを解釈する精神活動に依存しているのだと指摘した。「自然の顔はくまなく理論のマスクでおおわれている」(1)。

過誤

もし科学者が、きわめて細心な注意を払ってもなお事実について誤りを犯したのなら——例えば純粋だとされていた酵素標品に不純物が含まれていたとか、純系のマウスの代わりに誤って雑種を使った場合とかには——、その誤りをできるだけ遅滞なく認めなければいけない。人間というものは、科学者がそういうことを言明すればかえって信頼を強めることもあるものであり、当人は面子を失うことはない。

大切なのは、失敗をかくそうとして煙幕をはろうとしてはならないということである。私はかつてある有能な科学者が、癌細胞は凍結させ凍結状態で乾燥させても癌をひろげる力をもっていると主張したことを覚えている。その主張は誤りだった——彼が乾燥したと思った組織が、そうみえたのに、まだ約二五パーセントの水分を含んでいたのだった。ところがその男は、自説を率直に撤回する代わりに、自分が本当に研究していたことは、細胞の凍結そのものの生物物理学であり、生き残ると思われた性質ではないと言いぬけることによって、研究者としての前途を棒にふってしまった。もし彼が自分の過誤を認めて、何か他の研究を進めたなら、科学に対して価値ある貢献をすることができたであろう。

まちがった仮説は、やがては正しい仮説によって取って代わられるだろうという意味で救いの余地はあるが、その仮説を信じた人たちに大害を与える可能性がある。なぜなら、その仮説に深く魅せられた科学者たちは、それを否定する実験結果を受け容れるのを渋るものだからである。ときには彼らは、その仮説をあまり決定的なテストにさらすのを避け（第9章参照）、その周辺をはねまわって、副次的な結論のみをテストしたり、その仮説と間接にしか関係がない枝道を追ったりする。私はまさしくこのようなことを、あるロシアの研究所で目撃した。そこは、その存廃がある血清の有効性の有無にかかっている研究所だったが、その血清は、大部分の外国科学者の意見では当該の性質をけっしてもたないものであった。

私は、どんな年齢のどんな科学者に対しても、次の言葉以上にいい助言を与えることはできない。すなわち、ある仮説を真であると信じる気持ちの強さは、それが真であるか否かには何の関係もない。正しいと強く信じることの重要さは、その確信が強ければ強いほど、その仮説が批判的な検討に耐えられるか否かを調べようとする気持ちを強くおこさせるということのみである。

詩人や音楽家は、この言葉を、あわれな警告であり、魂のぬけた事実調査に特有なものであると思うかもしれない。彼らは科学の研究をそんなものだとみている。私の思うに、それらの人々にとっては、霊感のひらめきによってなされることには特別の信頼性があるのだろう。しかし私はまた、そういうことは天才に近い才能による場合においてのみ正しいと思う。

いつも自分をあざむいている科学者は、他人をもあざむくことになるのである。ポローニアスはこのことをはっきり予言した「何より大切なことは、汝自身に正直（true）であれ、ということだ。そうすれば必ず、夜が昼の次にくるように、汝は誰に対しても不正直（false）ではありえないのだ」

（「ハムレット」第一幕第三場）。

生活様式

科学的なアイディアの領域での創造性は、詩人や画家や等々の場合の創造性と同種のものだと私は固く信じているが、何らかの創造性を促す情況のもとで生じた日常の知恵やロマンチックなナンセンスの類いは、いくつもの意味で科学的創造性とは異なる。

科学者は、創造的であるためには、図書館や実験室や他の科学者との交際を必要とするし、静かで乱されない生活が確かに役だつ。科学者の仕事は、決して、窮乏とか不安とか悲嘆とか情緒的悩みによって深められたり信服力を増すものではない。確かに、科学者の私生活には風変わりさや滑稽さが混ざりあっていることもあるが、それは彼らの仕事の本性や質には決して特別の影響を及ぼしはしない。たとえ、ある科学者がゴッホのように片耳をそいだとしても、誰もそれを創造活動の苦悩の証拠だと解釈しはしないし、どんな奇怪な行動にしろ、彼が科学者であるという理由で許されるということはない。どんなすぐれた科学者でもである。ロナルド・クラークの書いたJ・B・S・ホールデンの伝記[2]には、結婚に関する彼の異常な行動がケンブリッジのセックス・ヴィリ（Sex

Viri 六人委員会）にとがめられた話がでてくる。その委員会は大学の風紀を監視していた一種の滑稽な男声六重唱（sextet）とも言うべきもので、ホールデンを不倫のかどで reader（講師）の職——アメリカの associate professor（准教授）に相当するイギリスの大学の職——から解職しようとした。シャーロット・バージスが離婚によって自由の身になりホールデンの最初の妻になったくだりは、さながらコミック・オペラの歌詞である。

科学者やその他の研究者は静かさを必要とするために、人々の眼にはひどく退屈にみえ、十九世紀のロマン主義小説にでてくるような創造的な芸術家の「自由奔放な生き方」の類いとはまるでちがう。

研究というものは心を深く魅きつけ知的情熱をかきたてるものであることを心得ている科学者ならば、ウィリアム・ブレイクの「壮大なインスピレーションにより合理的な論証を投げ棄てる」という言葉や、さらにはベーコンやロックやニュートンのエピソードに驚異を感じるとしても、それに悩まされはしない。

「科学者」とは冷然として事実を集めて、計算を行なう人間であるという紋切型の科学者像も、詩人とは貧しくて薄ぎたなくて髪をぼさぼさにして、しばしば肺病やみで周期的に狂乱におちいる人間だというのに劣らず戯画にすぎない。

プライオリティ

科学者に対する世間の信望を、とくに、科学者はクールで高貴で私心のない真理探究者であるという観念（科学者自身はそう思っていない）に対する信望を落とそうとする人たちは、科学者がプライオリティの問題に神経過敏なことを指摘したがる。すなわち、科学者たちが、自分自身の功績だと信ずる仕事やアイディアが、他人に帰せられることなく、自分の名で認められることにこだわることである。

このこだわりはしばしば新しいことだと思われている。すなわち、現代の科学者は競争の渦巻く世界で張り合っているせいでそうなったというのである。しかしそれは決して新しいことではない。ロバート・マートン博士とその学派の研究[3]によって完全に明らかにされたように、プライオリティをめぐる論争は、しばしば格別悪意に満ちた容赦のない争いだが、科学そのものと共に古くからある。これは、何人かの科学者が同一の問題を解こうとしている時には、二人以上の人が何らかの解を――解がただ一つの場合は同一の解を――思いつくことが多いという事実の自然な結果である。ただ一通りの解しかない場合――例えばＤＮＡの結晶構造の場合――、この圧力は格別きびしい。

芸術家たちは、科学者が名誉にこだわることを少々軽蔑しているのではなかろうか。だが、ことは芸術家の場合とはけっして比較できない。もし二人以上の詩人とか作曲家が愛国歌とか祝賀曲とかの作詞や作曲を依頼されたなら、どちらの人も、自分の作品が他人の名で発表されたら激怒するだろう。しかし彼らが取り組む問題は、ただ一つの解がある問題ではない。同じ課題に対して二人の詩人が同一の歌詞を思いついたり、二人の作曲家が同一の曲を思いつくことは統計的にみて考えられない。別の機会にも指摘したことだが、ワグナーは『ニーベルンゲンの指輪』の最初の三つのオペラの作品に二〇年間を費やしたにもかかわらず、その間も、誰か他人が自分より先に『神々のたそがれ』の作曲をしてしまうのではないかという気苦労とは無縁だった。

何かを所有することの誇りが重要問題である場合にはつねに、とくに争われるものがアイディアである場合には、たいていの人は所有権に敏感になる。ジャーナリストがある特ダネやカンをつかんだ場合、哲学者や歴史家がある明察のきくものの見方をつかんだ場合、管理職の人がある厄介な事態を解決できる資金配分や人員配置を思いついた場合などには、誰でもそれが自分のアイディアだったときは、そうだと認めてもらいたいと思う。自分のプライオリティの承認を望むことは、あらゆる職業にみられることである。モンゴメリー元帥は個人的な名誉を、それに値しない時にさえひどく欲しがったそうである。

プライオリティに関する問題は科学では特にきびしいが、その理由は、科学的なアイディアはやがては公共財産となるため、科学者が享受しうる所有権は、自分こそがそれを最初にもった――他の誰よりも前にその問題の答えを思いついた――という意味のものでしかないからである。何かを自分が所有しているということを誇りに思うことは少しも悪くないと私は思う。ただし、科学の場合にも、他のあらゆる場合と同様、所有欲や、けちんぼうや、秘密主義や、利己主義は、それに応じたあらゆる軽蔑を受けるに値する。しかし、名誉の所有についての科学者のプライドを軽蔑することは、人間への理解の悲しむべき欠如の現われである。

科学者における秘密主義は、たしかに見苦しいものだが、滑稽な面もある。若い研究者の最もかわいらしい特徴の一つは、他の人たちがみんな彼の研究を彼より先にやってしまおうと急いでいるかのように思うことである。実際には、同僚たちは、彼の研究をではなく、自分自身の研究をしようとしている。あまりに用心深いか疑い深いため同僚に何もしゃべらない科学者は、まもなく、彼自身が何ひとつお返しに学びとれないということがわかる。G・F・ケタリング――有名な発明家（ガソリンのアンチノック剤）でゼネラル・モーターズの共同創立者――は、ドアを閉じておく者は、もらい損なうものが、外へもらすものより多いと言ったそうだ。私がいつも一緒に仕事をしてきた親密な研究仲間からなる小グループの間では、「あらゆる者に汝の知るあらゆることを語れ」という内規がつねに用いられていたが、それに従うことによって損をした人は一人もいなかったと思う。これが良いルールであるのは、科学者にとっては自身の研究は圧倒的におもしろくて重要なので、それをつぶさに語ることはすなわち、同僚を楽しませようとすることだからである。しかしそれは対等な立場でなされねばならない。もし彼が自分の仕事のありったけを同僚に聞かせたいのなら、相手の話にも聞きほれる心構えがなくてはならない。科学の研究所でみられる人間喜劇のあらゆる小さな情景のなかで最もほほえましいのは、廊下で若い科学者が（眼を輝かせ、たぶんひげを生やした男が）、一人（ときには三人ぐらい）の同僚を呼びとめて、ことの顚末をあらいざらいしゃべろうとしている光景である。

プライオリティについての議論は、高尚な話を手堅くひとわたりすませたあとで、たいてい最後にジェームズ・ワトソンと『二重らせん』の話にゆきつく。その本には、プライオリティに対する渇望が最も端的に描かれている。私は『進歩への希望』でワトソンを弁護したが、そのときとまさに同じ理屈で、プライオリティの承認を科学者たちが切望することについてここでは逆に弁解的な態度をとることになったのである。文筆家たちは、ワトソン自身に対して判決を下す前に、こう反省すべきである――作家というものは、ほとんど何をやっても、それがいかに不愉快なものや奇怪なものであっても、その作品のなかに、その人のもつ真のすぐれた天分が現われているなら、たいてい容赦されるものであると。ジム・ワトソンは、まことにすばらしい若者であった。そして、私は少しもためらわずに言うが、『二重らせん』は一つの古典である。それゆえそれに相応しい反応は、非難ではなく、残念な思いであろう。さまざまな点で――とくに彼が、名誉が帰さるべきところに正当な名誉を与えそこなった点で――、若いワトソンは、彼がまことに重要な役割を果たした真にすばらしい発見に充分にふさわしいほどには、偉大な人間として振舞えなかったのである。

Scientmanship

この言葉はスティーブン・ポッターの造語であり、それは科学的な仕事において一歩先んずる気質というものを指す。*scientman* のほうは、オニオンズの語源辞典[4]には、man of science を一語で表わすには何がいいかという問題に対する答えの一つとしてあげられている。ホィーウェルが *scientist* という語を造ったのは一八四〇年だった。彼は断然、科学用語の最大の命名者だった。ロイヤル・ソサイエティの出版物の一つに、電池の二つの極にどんな名をつけるべきかについてのホィーウェルとマイケル・ファラデーとの間の手紙が収められている。ファラデーが提案したのは voltaode と gavanode、dexiode と skiaode、eastode と westode、zincode と platinode だった。最後にホィーウェルが遠慮がちにこう述べている――「拝啓……お勧めしたいと存じますのは……*anode* と *cathode* でございます」。それ以来アノード（陽極）とカソード（陰極）が使われるようになった。

scientmanship には、非科学的な手段で自分の科学者としての名声を高めようとして、または他の科学者の名声を落とそうとして用いるテクニックが含まれる。こういうことはまったく恥ずべきことで、寛容さのまったくの欠如を表わすものである。こんな昔話もある——R・K・マートンによれば、ガリレオは「天文学に使う望遠鏡の発明に対して彼に与えられるどんな賞讃をも低めようとした」競争相手を嘆いたという。

次にあげるのはscientmanshipのとくに卑劣な一形態である。誰か他人のアイディアを拾った科学者が、自分とその科学者との両方がそのアイディアを何かずっと昔の資料から互いに独立にひきだしたという印象を人々に与えようとまですることがある。私は、ある以前の友人が、右のようなやり方で、彼の研究の動機になったアイディアが私に負うものであることを認めるのを避けるということまでやったのに、驚きかつ傷つけられたのを覚えている。

もう一つの汚い手は、あなたが負う著者の一連の多数の論文の最も新しいものだけをあげ、他方あなた自身の論文は何年も前からのものまであげるというやり方である。もう一つの恥ずべき——いや、許すべからざる——トリックは、発表する論文に一部の細かいテクニックを書かないでおくことによって、誰か他の人が著者の研究の到達点から先へ進むのを妨げようとすること、または誰か他の人が著者の話が作りごとだと証明するのを防ごうとすることである。こういうトリックを使う人はおそらく自分自身を軽んじているのであり、見識ある人なら誰でもそう思うし、実は当人がこの人にこそ自分を評価してもらいたいと望んでいるような人たちからもそう思われるのである。

もう一つのトリックは、どんな証拠も決して完全に充分ではないという極度の批判的精神を自分がもっているかのように気取ることである（「それにはいろいろ悩んでいるんですが……」、「正直にいって、私は決して確信してはいないんですが……」）。もう一つのトリックは、そんなことはすべて自分がすでに考えたりやったりしたことだと示唆することである（「あんなことは私がパサデナで同じような結果を得たときに考えたこととまったく同じです」）。私がかつて知ったある先輩の医学者は、あらゆる他人の研究にあまりにも批判的なので、人からあの男は何も信じることができない体質なのではないかと思われた。その知性からみて、彼は自分自身のアイディアは生みだせない人のようにみえた（これは彼の批判的気質を説明するのにいくらか役だとう）。しかし彼はある独自のアイディアを出した。だが、なんとそれは、古今未曾有の深遠なアイディアどころのものではなかった。なのに、それに対しては彼のあらゆる批評能力は停止してしまった。彼は自分のアイディアにまったくとりつかれ、少しでも批判されるとひどく腹をたて、つかみかからんまでの敵意を示した。

科学者たちは、どんな場合に自分たちがこれらのトリックに近づくのかをよく知っている。そして、それらのトリックは、それが使われるたびに、彼らに無力感と自信の喪失をもたらすのではなかろうか。これは悲劇である。なぜなら、自分に対する自信は、科学者が得ようとしているもののなかでも相当に重要なものなのである。

純粋科学と応用科学という俗説

科学におけるスノビズムのなかで最も有害なものの一つは、純粋科学と応用科学との間に階級的区別を設ける思想である。それはおそらくイギリスで最もひどい。イギリスでは紳士階級が長らく手仕事（trade 商工業）とそれが促すあらゆる活動を嫌悪していた。

そのような階級的区別が特に腹だたしいのは、その区別が純粋という語の完全な誤解に基づくからである。すなわち、この語が純粋科学に対し応用科学より高貴な地位を付与すると思われてそのように使われるようになったのである。しかし純粋科学の純粋という語は、元来、公理または第一原理が観察や実験――ともにかつては低級な活動とされていた――を通じてではなく、純粋な直観や啓示やある種の自明性を通じて得られる科学を〔より高貴なものとして〕区別して言うために使われた。純粋科学者は、絶対者へ近づく特権的な立場にある自分を、動物の死体を解剖したり金属を融かしたり薬品を混合したりして自然界の事物にさまざまのありそうもない結合をもたらす人々より高級な人間だと感じた。人々のそのような活動はすべて、古来の学者にとっては――私がオクスフォードの若い教師だった時の人文学の同僚たちにとってさえ――、低級で下品で、あまりにも

〝商売人や職人の臭いのするもの〟であった。応用科学者は客間には招けないとされ、どんなに寛大でえり好みの少ない人でも彼らを避けた（「もし君の妹が応用科学者と結婚したがったら、君はどう思うかね？」）。偉大なベーコンは純粋科学をこそ光——自然界を照らす光——と呼んだのではなかったのか？　神は応用科学をお考えになる前に光を創造するのがいいとお思いになったのではないか？

このスノビズムは今日まで三〇〇年以上も続いてきたのである。それに対し『ロイヤル・ソサイエティの歴史』の著者トマス・スプラットは一六六七年に次のように書いていた（彼のいう「発明」とは人工の装置や考案を指す——要するにアーツ（arts）である。ただしそれはロイヤル・ソサイエティが乾杯のとき唱える「ザ・アーツ・アンド・サイエンセズのために」とかロイヤル・ソサイエティ・オブ・アーツという場合のアーツであり、工芸や装置や考案、すなわち思考を活動へ具体化または翻訳するさまざまな手段を指す）。

発明は、英雄的なものであり、低俗な才の達しえない高さに位置する。それは、能動的で大胆で鋭敏で勤勉な頭脳を必要とする。凡人では意気がくじけるような数多の困難をものともせず、あてどもない多くの試みがなされねばならず、多額の財が何の見返りなしにばらまかれねばならない。多くの激しい精力的な思考が注がれねばならない。厳密な思慮の規則によれば許されがたい不規則さや超過がある程度は許されねばならない[5]。

しかしスプラットは、応用科学は実験哲学に支えられずにやってゆけると信じはしなかった。「工芸において今後に残されている最も確実な改善は、実験哲学の行使によって遂行されねばならない。……力は知識に依存する」[6]。ここで一部の人々に耳ざわりかもしれないことを言いたすなら、スプラットはその『歴史』のなかで、すでにこう書いている――「イギリスで改善されねばならない第一のものは、その産業である。……産業を発展させる一つの真の方法は、ロイヤル・ソサイエティが哲学において開いた路線、すなわち口先の指図や紙上の指図によってではなく、作ったり試してみることによる方法である」[7]。

スプラットの見解は、その前後関係をみればまことにもっともである。当時イギリスでは機械工業が急速に発展しつつあった。イギリスはその最初の産業革命に入りつつあったのである。おそらくさらに驚くべきことに、サミュエル・テーラー・コールリッジはその『エンサイクロペディア・メトロポリタナ（ロンドン百科辞典）』の序文で次のように説いた――「確かに、アークライトの国では、商業の哲学が機械学と独立だとは考えられえない。また、デーヴィーが農業論を講義した国では、化学についての最も哲学的な考察が村々に小麦をみなぎらすのに役だたないと言うのは愚かである」。

応用科学に対する蔑視の最も不幸な結果は、逆に、純粋科学をその実際的応用の利益のために委縮させてしまったことで、その結果イギリスでは研究資金を切り売り商業の買い手と売り手のやり方で調達すべきだという愚論が唱えられるようになった。アカデミックという語の軽蔑的な使用――知的に最低の人々の間でのみみられるもの――が、まったく一般化した。スプラットがみたら、このような世論の逆転をひじょうに奇妙に思ったことであろう。彼は『ロイヤル・ソサイエティの歴史』のなかでこう述べたからである。

> 多くの人々に、わが主ベーコンが与えた区別の必要性、すなわち果実のための実験ばかりでなく光のための実験がなければならないことを理解させることができないとは、奇妙なことである。彼らはつねにこういう――それからどんな実利が得られるのかと。たしかに彼らがそのように利益をきびしく取りたてようとするのは結構である。それなら彼らは、実験についてばかりでなく、自分たち自身の生活と行為についてもそのようにきびしくすればよかろう。すなわち、自分自身に対し、自分のするあらゆることについて、それからどんな実利が得られるのかと問うべきだろう。しかし彼らは知るべきである――実験という芸のように大きくて多種多様な芸には、いろいろな度合の有用さがあり、あるものは現実的で単純な利益に役立つが、あまり歓びはもたらさず、あるものは教育に役だつが見掛け上の利益はなく、あるものは現在の光と今後の利用に役だち、

あるものは装飾や好奇心のためにのみ役だつことを。もし彼らが、目先の利益や現在の収穫をもたらす実験以外のあらゆる実験をあくまで軽蔑するのなら、神が一年のあらゆる季節を収穫と醸造の季節にしなかったことに対して、神の摂理をとがめたほうがよかろう。たしかに奇妙なことである。

批判的精神

科学者は、友人を失いたくなく敵の数をふやしたくないなら、人をいつも嘲笑したり批判したりしていてはならない。さもないと、あいつは人の信じていることをいつも非難する男だというレッテルをはられてしまう。しかし、科学者はその職業上、ばかげたことや迷信や明らかにおかしい考えに黙従したり知らんふりをしていてはならない。ばかげたことを見分けてきびしく批判すれば、友情は得られないだろうが、いくらかの尊敬を得ることはできよう。

長年にわたり私は、いろいろな多かれ少なかれまちがった考えの見本を集めてきたので、そのいくつかをあげれば、私が正当と思う種類の批判を具体的に示すのに役だつだろう。

「近代医学は風邪さえ治すことができない」ということが、従来なんとしばしば軽蔑的な口調で言われてきたことか。この考えの難点は、この主張そのものの誤りにあるのではなく（主張それ自体は正しいのであり）、その含蓄にある。近代医学は風邪さえ治せないのに、癌の研究に何億ドルもの金を注ぐのはむだではないか、などと言われるからである。この考えの誤りのもとは、大多数の人が思いこんでいる次のような観念にある。すなわち、臨床的にみて軽い病気の原因は単純であり、他方、重病は根が深く複雑で、したがって原因の究明も治療もずっと困難だという観念である。このどちらも正しくない。ふつうの風邪は、何らかの多重の上気道ウイルス感染にアレルギー反応が加わって生ずるのであり、きわめて複雑な病気である。湿疹もやはりそうで、その多くはまだ解明されていない。これに反し、ある種のひじょうに重い病気——例えばフェニルケトン尿症——は、原因が比較的単純で、フェニルケトン尿症の場合のように予防できるものもあり、多くの細菌病のように治療できるものもある。ある種の癌は原因が単純で、避けることができる——例えば、タバコや、ある種の薬品による癌はそうである。事実、あらゆる癌のうち八〇パーセント程度は外来性の原因によって生ずるものと見積もられている。

風邪についての前記の主張と同じ部類に属するもう一つの主張に、「癌は文明病だ」というのがある。癌は西欧世界の産業国では開発途上国よりずっと多くみられるという事実からみれば、それは一見自然な推論である。しかし、それは見掛け上のことであり、人口学や疫学の心得のある人が両方の人口を対照すると、両者は本当は比較ができない。西欧人は比較的長い平均寿命をもつ――すなわち他の病気ではあまり死なない――ために、癌――中年以後の病気――にかかる率が高いから、前記の推論は正しくない。死亡率の比較には、人口の年齢構成や診断技術のちがいを考慮に入れなければならないのである。

科学者が友人を失うおそれのあるもう一つの仕方は、記憶の選択性が落とし穴になって誤った判断におちいったことを批判することである。「もう少なくとも三回になるが、僕が従妹のウィニフレッドの夢をみると、いつもその翌日彼女から電話がかかってきたんだ。これは確かに、夢は未来を予告できるということの証拠にちがいない」。これに対して、若い科学者ならこう説明しようとするだろう。君がウィニフレッドさんの夢をみたあとで彼女から電話がかかってこなかったことが何度もあるにちがいない。彼女はほとんど毎日電話をかけてくるんじゃないのかねと。われわれは目だった連結しか記憶しないものだ。不幸がただ一度か、ときには二度起こっても、三度とは起こらなかった場合は、とかく記憶に残らない。例えば自動車の運転のへまについて言うと、ある種の気質の男は、女性が運転している場合にだけ眼をつけ、それを記憶していて、女は運転がへただという結論を信じこみ、自分の判断の誤りには気づかない。

同じような問題について、内分泌学者のドワイト・イングル博士は出所不明の次のような小話をあげている――

精神医　なぜあなたは腕をそんなにふりまわしているんですか。
患　者　野象がとびかかってこないようにしてるんです。
精神医　でも、ここには野象なんていませんがね。
患　者　そのとおりです。私がこうやっているからですよ。

「AのあとにBが生じたから、Bの原因はAにある」と考える人はたくさんおり、科学者のなかにもいくらかいるようだ。例えば昔の発生学では、個体の成長は、前もって存在する完全な解剖学的縮図によっておこるという説が一時は広く信じられていた。

迷信はなかなか始末におえないものだ。おそらく、占星術的な予言には反論を試みないほうがいい。ただし、一度だけこう注意してやると役だつことがあろう。すなわち、そんなことは先験的にみてきわめてありそうもないことだと指摘し、実際にも確実な証拠は何もないではないかと言ってやることである。だが、たぶん結局はそっとしておくのが最善だろう。私自身は、しばらく前から、スプーン曲げだのその他の「念力」の話には取りあわないことにしている。

賢明な科学者や医師は、ある特定の実験結果を得たいと思う偏りから生ずる誤りを避けるために注意を払う。実験条件を完全に制御できない場合は、制御できない要因から誤りが生ずるなら、それは自分が裏づけたいと望む仮説を否定するという誤りになるように実験を仕組むのである。さらにまた、最も経験に富み名誉の高い臨床家でも、「二重盲検法」というやり方をいとわない。すなわち、医師と患者のどちらも、投与された薬が外見も味も同じにつくられたプラシーボ（偽薬）であるかないかを知らないようにして行なう試験法である。もしこれが厳密に実行され、研究チームのうちこのことを担当する者が暗号を解く鍵を守っているなら、投薬効果の評価は、医師の願望にも患者の願望にも影響されずに真に客観的な仕方で遂行されることができるのである。

医薬の効能に対する誇張された主張が、故意に人をだまそうとした意図の結果であることはごく稀である。たいていは、すべての人の善意が組み合わさった結果である。患者は治ったと思いたいし、医者は治したと思いたいし、製薬会社は医者の手に治す力を与えたのだと思いたい。上記のように仕組んだ臨床試験法は、このような善意の陰謀におちいることを避けるための方法である。

（1）William Whewell, *The Philosophy of the Inductive Sciences*, 2nd ed. (London, 1847), pp. 37-42.

（2）R・クラーク・鎮目恭夫訳『J・B・S・ホールデン』（平凡社）一〇五ページ以下。

（3）R. K. Merton, "Behavior Patterns of Scientists," *American Scientist* 57 (1969): 1-23. なお、以下をも参照。R. K. Merton, "Priorities in Scientific Discovery," *American Sociological Review* 22 (December 1957): 635-59; "Singletons and Multiples in Scientific Discovery," *Proceedings of the American Philosophical Society* 105 (October 1961): 470-86;

"The Ambivalence of Scientists," *Bulletin of the Johns Hopkins Hospital* 112 (1963): 77-97; "Resistance to Systematic Study of Multiple Discoveries in Science," *European Journal of Sociology* 4 (1963): 237-82. *On the Shoulders of Giants* (New York: The Free Press, 1965; Harcourt, Brace and World, 1967); "The Matthew Effect in Science," *Science* 159 (January 5, 1968): 56-63.

（4）C. T. Onions, ed., *The Oxford Dictionary of English Ethymology* (Oxford, Clarendon Press, 1966).

（5）Thomas Sprat, *The History of the Royal Society of London for the Improving of Natural Knowledge*, 1667, p. 392.

（6）同書 p. 393.

（7）同書 p. 421.

7 若い科学者と年長の科学者

若さは、愛すべきものではあるが、固有の落とし穴をもつから、本書の目的にとっては、それを特に論じなければならない。

自信過剰

成功はしばしば若い科学者に悪い影響を与える。突然、他のあらゆる人の研究が、構成がずさんだとか、やり方が不完全だと見えてくる。若い天才は、人の研究を、「自分で吟味する」までは認めようとしない。きっと彼は次の学会でそれについて論文を発表することになろう。あるいはまた、彼は次回の学会で論文を発表したが、その後事態が進んだから、たくさんの人がその後の発展を聞きたがっているにちがいないと思う。

こういうごうまんさを治療するために昔はやった方法は、豚の膀胱（氷嚢）をふくらませたもので頭をぴしゃっとたたくことだった。若い科学者が、さもなければ彼を好み彼のためを思ってくれる人たちから見放されないうちに、こういう叱責をしてやらねばならないのである。

利発な若い科学者

若いうちは、もし真に利発であるなら、同僚たちは、がまんしてくれるし、彼のかみそりのような知性や、電火のような理解力や、彼がバナナ共和国の科学アカデミー紀要か何かにしか書かれていない事実や概念をひっぱりだしてくる不思議な能力をもっていることに対して好意をさえ感じるかもしれない。

野　心

ことをやりとげるに役だつ原動力としてみれば、野心は必ずしも大罪ではないが、過剰な野心は確かに醜悪である。野心の強い若い科学者は、自分の研究に役だたないかぎり、どんな人にもどんなものにも時間を割こうとしない傾向が著しい。自分が評価しないセミナーや講義には出席しないし、討論を求めてくる人を退屈だと追っ払う。野心家は、自分の利益に役だつ人々に対してはみえみえにていねいにするが、そうでない人にはその裏返しのようにぞんざいにする。「われわれはあの人には親切にする必要はないですね」と、ある野心的な若いオクスフォードの研究員が、教授たちのテーブルで素人臭い科学談義をしている一人の好々爺を指して私に言ったことがある。彼は同席していなかったから、その人を傷つけたわけではないが、そういう心構えが後に彼の禍根になった。

齢をとるにつれて

他のどんな人とも同様に、若い科学者もだんだんふけてゆくにつれ、おそらく各十歳代の終わりごとにこうつぶやくだろう――「やれやれ、こんなものか。今まで大いに楽しかったが、今後に残されたことといえば、最後まで尊厳と平静さを失わずにやってゆき、私の仕事のいくらかが私自身より少しばかり長く生き残ることを望むだけだ」。

こんな暗い思いは、科学者の場合は他のたいていの人たちの場合ほどにはあてはまらない。現代の科学者はけっして自分が齢をとったとは思わない。そして健康と定年退職規定と運とが研究生活の継続を許すかぎり、若い科学者の特権である自分が毎朝新しく生まれたような感じを楽しむことができる。この楽しみの伝染が、アメリカの生物学者たちのあの偉大な世代の最も愛すべき特徴の一つであった。通常の寿命の法則と老化の法則さえもが彼らのために通用を一時停止させられたかのようであった。ペイトン・ルー（一八七九―一九七〇年）、G・H・パーカー（一八六四―一九五五年）、ロス・G・ハリソン（一八七〇―一九五九年）、E・G・コンクリン（一八六三―一九五二年）、チャールズ・B・ハギンズ（一九〇一―一九九七年）である。

齢をとるにつれてどんな能力が最も急速に退化するかという問題は、また充分に調べられていない。すぐ考えられるのは、創造性が鋭く退化することである。八十歳のヴェルディの歌劇「ファルスタッフ」は、しばしばその反証としてあげられるし、ティツィアーノの晩年の絵画も同じく強い反証になる。「研究は若者のゲームだ」とか、大きな賞の獲得者には若い人が格別多いというのは真でない。ハリエット・ズッカーマンは、アメリカのノーベル賞受賞者を調べた著書『科学エリート』のなかで、科学に貢献する可能性のある集団の年齢分布とくらべると、受賞者たちが受賞対象となった仕事をしたとみられる年齢は中年の初期であることを示した。

残念ながら私が年長の科学者について考える場合に頭に浮かぶ光景は、頭に銀髪をそなえ、みんな自分の意見の正しさに自信をもち、科学的観念の将来の発展について、哲学者たちからみれば本質的に当てにならないことがわかっている種類のことを述べたてている人たちの委員会である。(1)

私は中年になってから、ホワード・フローリ卿とひじょうに親しくなった。卿は私の最初のボスで、カビからペニシリンを抽出する方法を開発した人である。フローリは、自分の研究を支える資金源を見つけるために多大の時間と精力を費やさねばならないことを大憤慨していた。彼は、金をだしてくれるかもしれないと思ったお偉方の委員会に援助を申請したが、だめだった。賢明な老人たちは銀髪の頭を左右にふりながら（フローリの言葉によれば「いや、たぶん首をぐらぐらさせただけ」なのだが）、こうのたまったのである――抗細菌療法の将来は、ゲルハルト・ドマクのスルファニルアミドを模範にした合成有機薬品の開発にかかっており、マクベスの第四幕第一場にでてくる薬局がやるようなカビやバクテリアの抽出物に将来がないことは確かだと。このお偉方の委員会の歴史を書いた人があるとき私に個人的に、彼らがとった見解は当時は完全に妥当なものだったと彼らを弁護して語ったが、これは適切な弁護にはならない。フローリが気短かで人を怒らせるような自信家だったことも、実際の世の中ではそういうことが重要であるにせよ、罪がそこに帰さるべきではない。罪は、その委員会が、最もためらいがちな仮の試み的な見解しか許されない状況のもとで、自信たっぷりの判断を下したことにあった。

私が許しがたいと思うことは、スルファニルアミドや合成有機化合物一般についての見解がまったく想像力と洞察力を欠いていたことである。国家機密法が事態の全貌をおおいかくしているにせよ、私には当時のこの委員会の委員たちの知ったかぶった態度が容易に想像できる。彼らは、（すでに戦争が始まっていたのに）やがては合成有機化合物が、生物学者たちがつくろうと苦労している妙薬なんか一掃してしまうだろうというまったく陳腐な考えの正しさを互いに確かめあっていたのであろう。もっとも、私の知るかぎり、委員会の真に賢明な委員たちは、フローリとフレミングのアイディアは試してみる価値があると考えていたらしい。しかし彼らはある委員の自信満々の態度と声に説き伏せられ、自分たちは古臭い頭の持ち主ではないかと恥じたのであった。

自分の意見の正しさに対する自信過剰は、一種の年寄り的ごうまんであり、年輩の科学者がそれによって相手を不快にするのは、若気のごうまんさが人を不快にするのに劣らない。

以上の論旨に対して、限られた資金をどの研究計画に配分するかを選ばねばならない立場の人たちは直ちに、それはひどく不公平な意見だと思うであろう。確かにそうではある。だが、若い科学者たちのうらみをひきおこすのは、彼らの判断のまずさよりは、彼らが正しさをよそおっていることであり、それはちょうど、職業的な予想屋や占い師が責められるべきなのは、彼らの予言の誤りよりは、予言が当たるという彼らの主張のためであるのと同様である。大きな責任をもつ先輩科学者は、勝ち誇るローマ皇帝に死の運命を思い起こさせたのと同じ声が背後から聞こえるのにつねに耳を傾けるべきであり、その声は今や科学者に、自分がいかに誤りを犯しやすく、おそらくしばしば誤りを犯していることを思い起こさせるものなのである。フローリ教授は、私が彼の研究室で数年間過ごしていた時、私に向かって、自分は大部分の時間を他の人たちが研究を続けてゆけるようにするために費やしているように思われると嘆いていたが、彼は若い科学者の幸福を促進することが古参科学者の第一の任務だと考えていたのであり、これは彼の真の親切心と飾り気のない常識との特性を示すものであった。

年輩の科学者とつきあうときには、若い科学者は相手が自分の名や、ましてや自分の顔を覚えていると思いこんではならない。たとえほんの一年前にアトランティック・シティの学会*のとき海岸の遊歩道であんなに親しく語りあったと思ってもである。

若手はまた、古手たちに取り入ろうと試みるべきではない。そういう試みはたいてい失敗するから、やめたほうがいい。

古手の科学者は、自分の意見が本気で批判されていると感じることのほうを、ぺこぺこした、ときには明らかに見せかけの尊敬を受けることよりずっとうれしがる。しかし若い科学者は、自分を迎えてくれそうな先生の意見を公然と酷評したのでは、気に入ってもらえないだろう。古参の科学者は若手から礼儀正しさ以上のものは期待しないからである。コベットは「おべっかを使うこと」の弊害を強調した——「出世のために恩顧や、えこひいきや、友情や、利害関係（what is called *interest*）に頼ってはならぬ。君たちは、君たちの真価と君たち自身の努力とのみに頼るべきことを肝に銘じよう」。

年長の科学者のほうは、次のことを忘れてはならない。私はいつも忘れてしまうのだが、若手のなかで最も聡明な人にさえ、O・T・アヴェリが肺炎双球菌の型転換がDNAの作用を介して生じたと発表したとき起こった大騒ぎ〔後出一二五―一二六ページに詳しい〕を思いだせと言うのは無理なのである。とにかく、今日の大学院学生の大部分は一九四四年にはまだ生まれていなかった。そして、あのような昔に起こったことは、若者にとっては、科学の歴史の前カンブリア時代に属することのように思われるのである。そのうえ、若者は、デールがどんなにすばらしい科学者だったかとか、アストベリーがどんな人物だったか、J・J・トムソンが若い連中をやりこめる術にいかに熟達していたかなどという話には退屈することがある。ただし、若い科学者にとっては、――チェスタフィールド卿が巧みに諭したように――、そういう話に興味をもつふりをしていると、本当に興味がでてきて、心の糧になるものを学びとれることもあるのであるが。

他方、老先生が、たとえ動機は自己満足のためであろうと、「わしはウォザスプーン君が今年の化学賞を獲得したのを見て、ひどく元気づけられた。あの男はわしの弟子だったんだよ。……あの頃だって彼は新しい銅貨のようにピカピカしていた」なんて語るのを聞けば、誰だって、なるほどと好もしく思うものだ。この先生のようなおおらかさは、どこにも見られるものではない。なぜなら、複雑な心理的理由により、一部の指導教師たちは、周知のように学生をいつも食いものにして

＊　アメリカ実験生物学会の年次大会。しばしばアトランティック・シティで開かれ、数千人の科学者が参加する巨大な集会であり、そのさい古参科学者たちは適当な若手をさがし、若手のほうはパトロンをひきつけようとする。

いるからである。

これと同じ人間関係を若者のほうから見るなら、私の思うに、先生に親しみのこもった尊敬の念をもつことは、若者に特有のことである。若者が「気の毒にウォザスプーン老は死んじまったが、あの先生は実はまるでだめだったね」なんて言うのを聞くほど不快なことはない。チェスタフィールド卿はこのような言葉を聞き、筆舌につくせないショックを受けたのであった。たとえそう思っても、そんなことは口にだすべきではない。

科学とアドミニストレーション（研究の運営）

若い科学者は、自分が実際以上に若僧で経験が浅いと思われたいなら、機会あるごとにあらゆる経営的な仕事をばかにして見くだせばいいのである。若者にとって、研究の経営者は一種の問題解決者であり、やはり学問の進歩のために働いているのだということに気づくことは、自分の成長に役だつ。とにかく、若い科学者は、経営者の仕事はいっそうむずかしいことをよく考えてみるべきだ。なぜむずかしいかというように、自然界にはよくわかった法則があり、例えば熱力学の第二法則を回避しようとする試みはだめにきまっているが、行政や経営の仕事にはそれに匹敵するような、頼りになる普遍法則はないからである。にもかかわらず経営者は、一升の酒を五合の枡に入れることも、五合の枡から一升をひきだすこともできないし、石ころを金に変えることもできない――経営者は研究費を調達するために毎日そういう芸当をやったり、やろうと試みているのである。彼らはまた、荒地を一夜にして立派な設備を具えた研究所に変えることもできない。

若い科学者は、まちがってこう仮定することがある――研究経歴をもった科学行政家は、自分たちの要求を最も同情的な眼でみてくれるにちがいないと。これがなぜまちがいかというに、自らかつて科学者であり人に泣きついたことがある人はたいてい、研究費を手に入れるためのあらゆる手を知っており、特に、今進行中の研究をもう数年続けさせてくれさえすれば、癌の原因とか細胞分裂の機構とかの解明がすばらしく進むのだというような議論には慣れているからである。

年輩の科学者はたいてい行政的な仕事に乗りだすが、これは、それが自分が学問の進歩に貢献できる最善の道だと信じるからである。そういう決心は、自己犠牲なしにはなしえない。しばしばそれは研究の放棄を意味するからである。なぜなら、大きな経営的な仕事はひどく精力を要するものであり、ものにとりつかれたように一心不乱に没頭せねばならないような活動を続けてゆくことを不可能にする。もっとも、適切に速やかにやらねばならないような仕事はほとんど何でもそういう没頭を必要とするのであり、経営の仕事そのものもやはりそうだ。

若い科学者は、自分がものごとに充分な発言権をもっていないことに不平を言ってはならない。

委員会の仕事をするよう招かれたときは、なおさらそうだ。そういう仕事は彼らに自分が当然もつべきだと思う発言権を与えてくれるのである。若い科学者にとっては、委員会の仕事は、自分が本当は研究室で過ごしたいと思う時間を食ってしまうものだ。彼らは研究室では、管理者たちのやり方にあれこれ不平を言っているのにである。科学の重要さがますます大きくなってきたため、研究室の管理運営の仕事は、今や、病院管理と同様に重要で明確な仕事になった。病院では医師たちは、聴診器やメスをほうりっぱなしにして健康保険事務だの技師の仕事をやろうとは思わない――そういうことは管理者が適当に人員を配置してくれるのに任せる。若い科学者もそのようにすべきである。もし彼が経営や管理の仕事を軽蔑するなら、自分がそれをやらなくてすむのを幸運と思うべきである。

委員会の仕事とか、その他の学外雑用を、研究をしないことの言いわけに利用してはならない。研究こそが科学者の第一の仕事だからである。私の知るかぎり、良い科学者でそんな言いわけをする人はいない――悪い科学者ならいるが。科学者は研究の仕事にあまりに追われるので、管理的な仕事の重荷がほとんどつねに過大視される。私の知るある有能な若い同僚は、ある有名な大学をやめて製薬会社の営業部へ就職した。職をかえてよかったかねとたずねると彼は、大喜びしていると答えた――大学では管理的な仕事が彼にかなり重荷だったと言うのである。私は彼が何か管理的な義務を負っていたとは知らなかったので、どんなことを担当していたのかとたずねた。彼は殉教者気取りで言った――「いやあ、僕はワイン・コミッティー（飲酒会の世話役）をやらされてたんです」。それならすばらしい役目でもあったわけだ。

経営や管理の仕事について私が述べた以上のような弁護的な言葉は、いわば、おくればせに禁酒を誓ったかつてののんだくれの誓いの言葉と解釈して下さっていい。他方、科学の管理職は、ハドウ*の法則を忘れてはならない――金を取ってくるのは管理職の仕事で、それを使うのは科学者の仕事であると。

科学者と管理者との間にはつねに深く暗く苦々しい緊張があるにちがいないが、年齢と経験を増すことがもたらす利点の一つは、友好的な雰囲気がひろがれば誰もがうまくやってゆけるということがわかることである。

熟考には暇がいる

今でもおぼえているが、私の研究室の数人の古手は参加する必要のなかった委員会の会合へ殉教者気取りで急いででかけてゆくとき、「僕は近ごろものを考える時間がなくなったようだ」と言っ

＊ Sir Alexander Haddow　イギリス最大の癌研究機関であるチェスター・ビーティ研究所の所長を長年務めた人。

ていた。私はその言葉を奇妙だと思った。なぜなら、ものを考えるためには、テニスのためや、食事のためや、一杯やるためと同様に時間を割り当てることができるとは私には思えなかったからである。

彼らが時間がないと言ったのは、自分の仕事と同じ分野だが直接には関係のない文献を読むための時間や、じっくり考えるための時間や、実験結果――自分のや他人の――をゆっくり調べて、確かな誤りのもとを捜したり、研究の新しい方向を模索したりするための時間である。ある問題を解くことに深く没頭している科学者は、それについて考えるために特別の時間を割り当てるのではなく、頭のなかでその問題が、秤の目盛盤のゼロの位置にあって、頭が他の問題に占められていない時には、頭のなかの指針が自動的にそこへ戻ってゆくのである。だから、管理職的な任務をもたない科学者が研究に没頭しているときは、自分の研究について熟考する時間をみつけるのに困難を感じるというよりは、そんなことを忘れて、良き親、良き配偶者、良き家庭人、良き市民としてなすべきことをする時間をみつけることのほうが難しい。

(1) P. B. Medawar, "A Biological Retrospect," in *The Art of Soluble* (New York: Barnes and Noble, 1967)、とくにその九九ページ参照。そこの議論は、将来のアイディアを予言できるという観念の形式上の否定から出発している。

8　研究の発表

科学研究は、その結果を発表するまでは完了しない。科学者の場合、発表はほとんどつねに学術雑誌にのせる「論文」の形をとる。これに反し人文学者の場合は、研究をしばしば書物の形で発表する。科学者が書物を書くことは稀なので、古風な人文学者——オクスフォードやケンブリッジに今なおみられるような人たち——はしばしば、科学者の生産性に疑問をもち、研究室にいる長い時間が趣味や遊戯に費やされているのではないかと思っている。

学会で論文を口頭発表することも発表の一つの形だが、それは論文が印刷されるまでは完成したものとはみなされない。若い科学者は、生涯のある段階に達すると学会で論文を発表しなければならないが、その前に仲間たちの前で、例えば学部のセミナーで発表してみる。これは友好的で気楽な場だが、学会で発表するときは、もう少し講演の手際が必要である。**どんな場合でも原稿を棒読みしてはならない。**単調な口調で早口で論文が読まれるのをがまんして聞いていなければならない聴衆がどんなに当惑し腹をたてているかは、想像以上のものなのである。若い科学者たちよ、ノート〔筋書きを記したメモ〕に基づいてしゃべりなさい。ノートなしにしゃべると、ひとりよがりになって、聴衆は（おそらく当然なのだが）同じ話が何度もくり返されているような印象しか受けないことになる。ノートは簡潔でなければならず、長い文章を書きこんではいけない。もしいくつかのキュー（話を進めるヒントの言葉）だけでは話をすらすら進められないなら、何度も予行をやって――必ずしも声をだしてしゃべらなくてもいいが――、適当な示唆で口から適切な言葉がでてくるようにしておかねばならない。私は若い頃、難解な概念を説明しようとする時には、ノートでそれがでてくる個所のあとに「（これを説明）」と記入しておくことが大変役にたつことを知った――そうすると、話しているときに自然な言葉がでてくるのである。

たたみかけるような話しぶりは、当人にとっては自分が大変利発なように感じられるかもしれないが、聴き手からは、やたらにべらべらしゃべる奴だと思われやすい。ポローニアスならきっと、抑制の利いた、たぶんちょっぴり重々しい口調を勧めたであろう。科学者は、ひまなとき学童に講演をしてみれば、自分が相手をうまく掌握しているか否かがすぐわかるだろう。子どもたちは静かにしていることはできないから、退屈すれば、すぐざわざわする。ときには、まるでネズミの群を相手に話しているような感じがするだろう。しかし、子どもたちは話にひきつけられた時には、さっと静かになるものだ。

聴衆は、話ががまんできないほど退屈な場合や、その研究自体が本質的につまらない場合だけでなく、まったく不必要な細かいテクニックをくだくだ話した場合にも退屈する。しばしば、細目の説明は省いたほうがいい。聴衆は、もし講演者が用いた培養液の種々の成分の溶かし方の順序などを知りたいと思ったなら、講演の直後に、質問するか、後日個人的に問い合わせてくる。

可能な限り、スライドよりは黒板を使うべきである。私はかつて、プロジェクターと式辞の使用を一切禁ずる会議の座長を務めて大変成功したことがある。もちろん、こういうことは、グラフの曲線の正確な形とか、一組の放射能カウント数の正確な数値とかが決定的に重要である場合には、あてはまらない。しかし、そうでない場合がひじょうに多いのであり、グラフが直線の場合などは、たしかにそうである。もし口で説明しても通じないなら、スライドでも通じないだろう。もし質問がでたら、スライド係に向かっておもむろに「すみませんが七番目のスライドを映して下さい」と言うだけでいい。そうすれば、グラフが直線であることが一目でわかるだろう。

長さも問題である

講演をする者は、一つのほとんどニュートン的な大原則を想起すべきである。それはロバート・

グッド博士と私が同じ機会に互いに独立に初めて言ったのだと思うが、こういう原則である——何か言いたいことがある人は、ふつうはそれを簡潔に言うことができ、何も言いたいことのない人のみが、あたかも煙幕を張ってゆくかのように長々としゃべってゆく。

科学空想小説で考えられるあらゆる怪物のうちで最も恐ろしいものは「退屈怪人」(Boron) だ——とにかく科学の学会では。なお、生涯の敵をつくる最も手っとりばやい方法は、次の講演者の割当時間へ侵入することである——座長が居眠りしていないかぎり、そういうことが許されてはならない。

どんなに経験を積んだ人でも、講演の前には神経質になる。そうなるのは当然のことであり、それはうまく話そうとする気持ちの現われである。講演者がポケットを捜しまわってよれよれの封筒をひっぱりだし「さきほど汽車のなかで、皆さまに何をお話ししようかと考えておりましたとき……」などと言っても(私はかつてJ・B・S・ホールデンがこう言ったのを覚えているが)、聴衆は本当は感動しない。講師が何を話すべきかを準備するのに苦労したことには、聴衆は好意をもつが、スライドに講演者の指紋だのガラスのひび割れなどが映るのは避けねばならない。自己訓練にとって最も困難な課題は、何かへまをやったときあわてない習性を身につけることである。そういうへまは、しばしば不可避におこる。聴衆は、話し手が原稿の読んでいる個所を見失ったときや、スライドをばらばらにしてしまったときや、演壇から足を踏みはずした場合でさえ、演者が自分たちをばかにしているそぶりをみせた場合よりは大目にみてくれる。

私はかつて重い病気で視力を損じ片手しか使えなくなってからまもなくのとき、ある大講演会で講演のノートをごちゃごちゃにしてしまった。妻が助けにやってきたが、聴衆はわがことのように心配してくれていて、私が妻に「ああわかった——四ページの次が五ページだね」と言った声がマイクからもれたとき、聴衆は歓呼し胸をなでおろした。

イギリスでは、電気工学会が立派な「講演者の手引き」を発行しており、そのなかに、演者は両足を四〇〇ミリ開いて立つように、「そうすればふるえが止まる」と書いてある。この指示が興味ぶかいのは、電気工学者は格別足がふるえやすいからではなく、それが高度に精密な数字をあげているからである——あたかも、両足を三五〇ミリないし四五〇ミリ開けば痙攣の発作を鎮めることができることが実験によって示されたかのような書きぶりである。

科学者は講演をするさいには、自分が他の講演者たちに対して望むのと同様な仕方でふるまうべきである。しかし、一つの帰納的な自然法則として、講演者はつねに聴衆のあくびに、しかもほとんどまったく魂の消失したような大あくびに出遭う。同様にして、講演者を落胆させる他のさまざまなことがおこる（もちろん、しばしば故意のことだが）——ざわざわ私語を発したり、わざとらしく腕時計をみたり、とんでもないところで笑ったり、首をゆっくり左右に振ったり等々である。講演者の演題に関するエキスパートとされている人が当然質問を発するべきような場合に、座長がその人に向かって「――先生、ちょっと討論したいと思いますが、先生はなぜ御質問なさらないのですか」と水を向ける。こう水を向けられた人物は、まさか「すみませんが、私はすっかり居眠りしてたもんで」とは言えないが、もし彼が「ではうかがいますが、その次にはどんな御研究をお考えですか」と言えば、聴衆は彼が居眠りしていたにちがいないと思うだろう。居眠りは換気の悪い会場での酸素欠乏によることがきわめて多いのであり、必ずしも講演が退屈だったためではない。

もし聴衆が講演中に居眠りしたなら、演者は、講演中に眠りの神が絶えずわれわれを誘いこもうとする眠りほど深くて元気回復に役だつものはないのだと思って自ら慰めようとすべきである。生理学の立場からみれば、夜ふかししたり会議が長く続いた場合の疲れが数秒間ずつのうとうとによっていかに急速にいやされるかは、まことに驚くべきものである。

論文の書き方

講演やセミナーやその他の口頭発表を何回やっても、学術雑誌への寄稿の代わりにはならない。しかし、周知のように、論文を書く段になると、科学者はうろたえて、あらぬことへ走ってしまう――まるで意味のない実験をしたり、役にたたない装置や不必要な装置を組みたてたり、あげくのはては委員会へ逃げだしたり（「もし僕がたびたび防犯委員会へ出ないなら、みんなが僕を泥棒と思うから」）。科学者が論文を書くのをいやがる理由として昔から言われてきたのは、研究の時間を奪われるからということだが、本当の理由は、論文を書くことが――いや、論文に限らず、研究室が破産しないために必要な物乞いの手紙を書くことさえ――、たいていの科学者にとってひどく苦手なことにある。そういう腕を科学者は身につけていないのである。

科学者は、論文をたくさん読んでいるから、論文を書く直観的能力をもっているはずだとされているが、これは若い教師が、講義をたくさん聴いたことがあるから、講義をする能力があるはずだと考えるのと同じことだ。

私は遺憾ながら正直のところたいていの科学者はものの書き方を知らないと思う。文体は人を表わすと言える限り、彼らの文章は、あたかも自分がものを書くのを嫌悪しており、何はともあれそれですませたいと思っているかのようである。ものの書き方を身につける唯一の道は、何よりもまず、ものを読み、良い手本を勉強し、自分で書いてみることである。といっても、若いピアニストが訓練のために「陽気な農夫」を反復練習するような意味でではなく、書くことが必要なときにはいつでも、書かない言いわけをするのでなく、実際に書いてみることであり、もし必要なら何度も何度も書き直して、はっきり意味が通じ、文体も、優雅ではなくとも、少なくともぎこちなくない程度に仕上げることである。文章のうまい人は、読み手に泥沼を歩いているような感じや、ガラスの破片の山をはだしで踏み越えてゆくような感じを与えはしない。そのうえ、文章はできるかぎり自然でなければならない——すなわち、日曜の外出着のようでなく、ふだんの話し方とあまりかけ離れず、教室主任だのその他の上長から研究の進みぐあいをたずねられたときに答えるような仕方で書くべきである。

「やらない」ことを何度重ねても「やる」こと一回に及ばない。しかし、ある種の書き方は避けねばならない。その一つはドイツ語からアメリカ英語へもちこまれたもの——すなわち、動詞を形容詞のように使って、しばしば全部が一つながりになった一個の巨大な名詞状の怪物をつくりあげることである。ある老練な言語学者で嘘つきの名人がかつて私に、「日曜に動物園へ入場するための割引券を発行した人の窓口」（日本語なら動物園日曜割引入場券発行者窓口か）を意味するドイツ語の単語を教えてくれた。もちろんこれは嘘だが、それは今述べた原則を例示するものであり、私自身も、次の通りの文章に出会ったとは言えないにせよ、ほぼ同様の恐ろしい名詞句に出会ったことがある。vegetable oil polyunsaturated fatty acid guinea pig skin delayed type hypersensitivity reaction properties（植物油性多価不飽和脂肪酸モルモット皮膚遅延型過敏症反応諸性質）。こんな文章を書かせる動機の一つは、たいていの編集者が論文の長さを制限することにあり、そのため科学者は一言で一〇語の働きをさせれば編集者の要求に応じられると思うのである。

もう一つの小さなルールをあげるに（とくに医学研究者のために）、マウスやラットやその他の実験動物が注射される（be injected）と書いてはならない。どんなに太い注射針でも、マウスを通過させることができるほど太いことは稀だ。Mice were injected with rabbit serum albumin……（マウスたちがウサギの血清アルブミンによって注入された……）と書いてあれば、「ほう、何に注射したのかな、さぞかしチューチュー大騒ぎしたろうな」と思う。マウスが「注射を受けた（received injection）」とか、ある物質が「マウスに注入された（be injected to mice）」と書かねばならない。これでは、言葉使いにやかましすぎるか？　たしかに、これだけとりだせば、そうである。しかし、こういう言葉使いのあやまりの積み重ねのために、さもなければ素直で読みやすい論文が読みづらくなるのである。また、the role of（or the part played by）adrenocortical hormons in immunity〔免疫における副腎皮質ホルモンの（果たす）役割〕というような言葉使いも避けるべきだ。そうでなく「the contribution of adrenal cortical hormons to ……（……に対する副腎の皮質のホルモンの働き）」と書くべきである。前置詞にも注意すべきだ。体内における電解質の調節は副腎を通じて（副腎によって）なされると書く場合、mediated *by* でなく mediated *through* とせねばならない。さらにまた、われわれは文章上の誤りに対して寛大である（または、でない）と書くとき、tolerant *of* でなく tolerant *to* なのである。

もう一つ念頭に置くべきことは、ある主題についての良い記述は、悪い記述よりほとんどつねに短いということである。それはまた、しばしばずっと記憶に残りやすい。ウィンストン・チャーチルを別にすれば、ベーコン卿が政敵を評した言葉ほど短い文章で多くの内容を記述しえた人はいない。「彼はサルのように、高く登れば登るほど、腕前（ars）を発揮する」というベーコンの言葉は、誰でも記憶に留めやすかろう。

だが、若い科学者が手本を捜そうとしたら、何が手本になるだろうか。腕のいい著作家なら誰でもよく、とくに諸君が高く評価し読んでみたいと思う人のものがいい。小説や、そのほか解説書的でないものが好適である。バーナード・ショウはひじょうにいい文章を書いているし、コングリーブズの著作にはすばらしく巧みなものがいくつかあるが、私がとくに推薦するのは、むずかしい問題を扱って、自分の考えをぜひとも理解させようとした人の著作である。哲学者のものなら何でもこの条件を充たしているとは言えないが、哲学者のものは概して優れており、とくに私の見解では、ロンドンのユニバーシティ・カレッジの哲学の教授をしていた人たち――A・J・エイヤー、スチュアート・ハンプシャー、バーナード・ウィリアムズ、リチャード・ウォルハイムなどのものがいい。エッセイストのものもしばしばよい手本になる。ベーコンのエッセイは卓越しており、バートランド・ラッセルのエッセイのいくつか（例えば『懐疑論集』）はすばらしくうまく書けている。J・B・S・ホールデンの著作の多くもそうだが、それらは今ではたいてい絶版になっている。重厚さとウィットと強い理解力がうまく結合している点ではジョンソン博士の『イギリス詩人伝』にまさるものはない。

英語圏では（フランスではちがうが）、科学と哲学の著作はもはや高度な修辞的な文体をとるべきでないと考えられている。しかし、文体と内容、またはメディアとメッセージとの間の矛盾がまだ問題にされていた時代に、王立協会会員のジョセフ・グランヴィル博士（一六三六―八〇年）は、自然哲学者〔自然科学者〕を弁護すべきだと考えた。彼は *Plus Ultra* という著作のなかで、科学者の著述は「男性的で、しかも淡泊で……磨きあげられていて、大理石のように堅固」であるべきで、「ラテン語の残片だの無用な引用文だのが間にはさまれたり、……話の尾ひれや枝葉によって複雑化されれ」てはならないと述べている。

これらの注意の大部分はもはや必要がないし、アブラハム・カウリがロイヤル・ソサイエティを讃える詩で述べた「絵具をぬりたてた背景や、飾りたてられた頭」を捨てるようにという助言も無用になった。長髪を波うたせていた時代は去り、科学革命のさきがけに大きな役割を果たした急進的ピューリタンをまねた短髪が時代の流行になった。例えばバートランド・ラッセルの『懐疑論集』の冒頭の一節をみてみよう――そこには彼の意図の輪郭が示されている。これ以上に明快で尖鋭または簡潔な文章を想像することは困難である――ぱりぱりしたヴォルテールの声を再び聞く思いがする。

私は、読者が好意的に考えてくださることを期待して、一見ひどく逆説的で破壊的にみえるかもしれない一つの説を提出したい。その説とはこうである。すなわち、ある命題を、それが真であるとみなすべき根拠が何もない場合に信じることは望ましくないと。もちろん、私は、もし、こういう意見が普及すれば、われわれの社会生活と、われわれの政治体制とが、完全に変革されるだろうことを認めねばならない。その両方は、目下のところ問題がないから、そのような意見は尊重されないにちがいない。私はまた（いっそう重大なことだが）、次のことも承知している。すなわち、この意見は、この世でもあの世でも祝福されるに値することを何もしていない人々の不合理な希望を食いものにしている千里眼屋や競馬の胴元や坊主ども等々の人たちの収入を減らすことになるだろうことである。これらの重大な異議にもかかわらず、私は私の逆説を擁護することができると考えているので、それを述べよう。

論文を書くさいには、若い科学者は、誰に向けて書くのかをはっきり決めるべきである。手っとり早い方法は、自分の職業上の仲間たちに向けて、しかも自分と同系の分野の研究者のみに向けて書くことである。科学者は次のことをよく考えるべきだ。すなわち、自分より聡明な仲間たちは、おそらく、その文献をあちこち拾い読みして知的な慰みものにし、彼がどこまでたどりついたかを見つけようとするだろうことを。そのうえ、若い科学者は、自分の論文が学会誌の論文審査員たちの審査にぶつかることを考えねばならない。彼らは、その論文が何を主題にしているのかや、著者がなぜそれを研究したのかを読みとれない場合には、文句を言うべき立場にあり、事実しばしば文句をつける。だから正式の論文には最初に、研究した問題が何かということと、著者がその解決に寄与することができたと思うことの大筋とを説明するパラグラフを書かねばならない。

論文のサマリー（要約）には大いに苦労すべきである。それには、その雑誌でサマリーに割り当てられた字数の全部（ふつうは本文全体の五分の一ないし六分の一）を使うべきであり、それを書くことが、当人の文筆能力に対する最大の腕だめしになる。とくに今日のようにたいていの学校の教授要目のなかから「一つの作品の大要を書かせる」ことが、学生の創造の才を窒息させることを恐れて削除されてしまった時代にはそうである。サマリーを書くことによって、当人のものごとをとらえる能力と、ものごとの軽重をつかむ均衡感覚――何が真に重要であり、何が省くことのできるものであるかを見分ける感覚――とが試験されるのである。サマリーは、サマリーとしての限界のもとで完全なものでなければならない。それには、まず自分が検討しようとした仮説を述べて、その検討の結果で結ぶのがよかろう。最もまずい書き方の一つは、「これらの発見がブライト病の病因学に対してもつ関連が論じられる」というような文章を書くことである。もしそれを論じたのなら、その議論の内容をも要約すべきである。もしそうでなかったのなら、そんなことは何も書くな。アブストラクト（抄録）を添えることは、若い科学者にとってしばしば自発的になすべき公的な務めである。たとえ論文全体が印刷に付される前に経験を積んだ編集者によって審査されるにしても、アブストラクトを作成することは、論文を書くことのよい練習になる。

文献リストにあげる参照文献の数は、必要にして充分でなければならない（リストの書式は定められた形式に従うようつねに細心の注意を要する）。なお、scientman でもないかぎり（第6章参照）、図書館が書架をあけるためにとっくの昔に廃坑の坑道へ投げこんでしまったような古い雑誌の論文をあげるべきではない。先人に対し正当な敬意を表すべきことはつねに念頭におかねばならないが、あまりに偉大な先人の名や、あまりによく知られているアイディアの出所は、わざわざあげないほうが礼儀をつくすことになる。ただし、微妙な判断が必要であり、ある人への謝辞が、別の人の苦情のタネになることもある。

りっぱな研究を著わした論文でも、いろいろな理由で編集者から拒否されることもある。学術誌の編集者たちは、寄稿される論文の冗長さに自分たちが困っていることを知ってもらいたいと思っており、内容にくらべて不釣合に長い論文だということが掲載拒否の最もふつうの原因である。もう一つは、文献リストのなかに、その論文のなかで参照されていない文献があげられている場合と、その逆の場合とであり、これらの場合には掲載拒否は妥当である。示された理由が何であろうと、掲載を拒否されればプライドが傷つけられるが、その雑誌の審査員（レフェリー）と論争するよりは、別の雑誌をさがすほうがたいてい賢明だ。ときには、審査員が個人的な理由で敵意をもっていて、掲載拒否によって相手が挫折するのを愉快がることもある。しかし、編集者を説き伏せようとあまりむきになると、相手から偏執病的なやつだと思われるおそれがある。

論文の内部構造について私がすでに述べたことは、最初に説明のパラグラフを書き、著者が考えている問題を示すということだけだった。本文の構成として慣例化されているやり方は、科学研究は帰納的な方法によって遂行されるものだという幻想を踏襲している（第11章参照）。この慣例的な書き方では、「方法」という部分で、著者がその研究に用いた技術的な手法や試薬などがしばしば不必要に詳細に記述される。しばしば、それと別に「従来の研究」と題する部分が設けられ、従来他の研究者が今回著者が提出しようとする真理に多少は迫ってきたことがあげられる。最悪なのは、慣例的な構成の論文では、しばしば、「結果」と称する部分が設けられて、事実的な情報がべらべらと述べたてられ、その話がたいてい、なぜ著者が他ならぬその観察や実験を行なったのかを説明する部分とのつながりを欠くことである。その次に「検討（Discussion）」と題する部分がでてきて、そこでは、著者が集めたあらゆる情報が、最初からその意味を見いだすことを目的にした完全に客観的な観察によって得られたものであるかのようにして、それらの情報を分析してみせる。これは帰納主義の逆だちであり、科学研究とは知識の拡大が絶対に従わねばならない論理的操作によって事実を編集するものであるという考えの忠実な具体化である。このように「結果」と「検討」を分けることは、りっぱな新聞がニュースと編集者の意見とを区分するやり方と平行するものだと思われるかもしれない。しかし、この二つは決して平行したものではない。科学論文では「検討」と呼ばれる議論は、実は情報を獲得した仕方と不可分であり、情報獲得の動機となったものである。「結果」と「検討」との区別は、本当は一体になった思考過程をまったく任意的に区分したものである。そのようなことは、事件や法的措置のニュースと、それに対する編集者の意見を区分する場合にはあてはまらない。この場合は両者は互いに独立に変化しうるからである。

論文を書きあげたなら——どういうものか人々は writing up と言うが、それはもちろん writing down の意味なのだが——、科学者はそれに誇りを感じ、「これで人々はハッとするはずだ」とさえ思うものだ。もしそんな気持ちが起こってこないとすれば、その著者は覇気がないのか、またはおそらく判断がよすぎるのである。

私が国立医学研究所の所長をしていた時、ある若い研究者が『ネイチャー』誌——重要な新研究を発表する伝統的な科学雑誌——に送る短いレターを書きあげた。彼は、それがひじょうに重要で人々が待望しているものだと信じたので、郵便に任せずに直接に手渡さねばならないと思った。そこで、自分でもってゆこうとしたら、運悪く途中でなくしてしまい、もう一度書かねばならなくなった。今度は郵便で出した。われわれ一同の想像では、前回は落とした封筒がドアの下へはさまって、入口のマットの下へでも入ってしまったのだろう。教訓——世間で認められた通信手段を使え。

9　実験と発見

ベーコンの時代以来、実験は科学に不可欠なものだと思いこまれているので、実験的でない説明活動はしばしば科学の列に入れられることを拒否されている。

実験には四つの種類がある。[1] 第一はベーコンがはじめて唱えた意味のものであり、自然に経験されたり起こったりすることではなく作りだされた経験や出来事であり、「試してみる」とか、単にいじくってみることの結果でもいい。

なぜベーコンがこの種の実験をあのように重視したかは後に説明するが、ベーコンの意味の実験――「もし……したら何がおこるだろうか」という問いに答えるもの――こそが、ヒレール・ベロックが次の文章を書いたとき頭に浮かべていたにちがいないものである――

ふつうの健全な頭と肉体の持ち主なら誰でも科学の研究をすることができる。……誰でも辛抱強い実験によって、もしこの物質とかあの物質を、この条件とかあの条件のもとで、この割合とかあの割合で他の物質と混ぜ合わせれば何がおこるかを試してみることができる。誰でも、いくらでも多くの仕方でいろいろ実験してみることができる。このやり方で何か新しくて役にたつことをみつけた人は名声を得るだろう。……名声は幸運と勤勉の産物である。それは特別な才能の産物ではない(2)。

ベーコン的実験

科学の初期の時代には(3)、次のようなことが信じられていた。すなわち、真理はわれわれの周りのいたるところにあって、小麦の穂のように、取り入れられ集められるのを待っている。真理は、われわれが広い眼と汚れのない感受性をもって自然を観察しさえすれば、われわれの前に姿を表わすものであり、人類はそのような眼と感受性を、人類の堕落の以前には——われわれの感覚が偏見と原罪によって鈍らされる前にはもっていた。それゆえ真理は、もしわれわれが偏見と先入観のベールを捨てて事物をありのままに観察すれば、すでにそこに存在する。だが不幸にも、われわれは、偶然われわれの前に現われて多くの真理を示してくれることのできる一連の事象の関連を見つめることなしに自然を眺めて生涯を過ごしてしまいがちであると。ベーコンはこう述べた——「あれこれの事象の偶然幸運な出会い」に頼って、それがわれわれに真理をつかむに必要な情報を与えてくれるのを待つのはむだであり、われわれは出来事がおこるように仕組んだり経験を作りださねばならないと。ジョン・ディーの言葉を借りれば、自然哲学者は経験を拡張する「大工匠」とならねばならない。コハクの摩擦による「荷電」や、磁鉄鉱から鉄釘への磁気の伝ぱんは、ベーコンの唱道した実験の適例である。また、われわれは醸造酒を蒸留すれば何がおこるかを知っているが、その蒸留物をもう一度蒸留すれば何がおこるかは、やってみなければわからない。こういう仕方の実験からこそ、事実的情報を山のように集めれば、それから帰納主義の誤った法典（第11章参照）によって、自然についてのわれわれの知識が必然的に成長するという考えがでてくる。

この種の実験――しばしばきたならしい作業を含み、悪臭さえ発するもの――をがまん強くやることが、科学者を上流社会からさげすまれるようにしたのかもしれない。

アリストテレス的実験

この第二種の実験の説明には、私はジョセフ・グランヴィルの手引きに従った。この実験は、あらかじめいだかれている考えの正しさを説明するためか、何らかの教育的目的のためになされる。蛙の坐骨神経に電極をあてると、ほれこの通り脚がピクッとしたとか、犬に食餌を与える前にいつもベルを鳴らすと、ほれこの通りベルだけでも犬がよだれをたらすようになるとか。ジョセフ・グランヴィルは、同時代のロイヤル・ソサイエティの会員の多くと同様に、アリストテレスを極度に軽蔑し、その教えを学問の進歩に対する主要な障害とみなした。彼は『プラス・ウルトラ』のなかでそういう実験について次のように書いた――「アリストテレスは、……理論を立てるために実験を用いたのではなかった。彼のやり方は、理論を勝手にでっちあげてから、経験を無理にそれに従わせ、彼のあやしい主張を支持させようとするのであった」。

ガリレオ的実験

ベーコン的でもなくアリストテレス的でもなくガリレオ的なものが、今日大部分の科学者から実験と呼ばれているものである。

ガリレオ的な実験は、批判的な実験である。すなわち、いろいろな可能性を判別し、われわれに対し現在の見解への信頼を強めさせるか、またはそれを訂正する必要があると思わせるための実験である。ガリレオがピサで生まれたため、重力の加速度に関する彼の卓越した批判的実験が、ピサの斜塔からいろいろな重さの砲弾を落とすことによってなされたと誰もが思いこむことになった。しかし実は、その実験はそんな危険を冒さずになされたのである。

ガリレオは、この種の実験を、われわれが自分たちの仮説またはそれからでてくる結論の正否を試す試金石とみた。

以下で説明する証明の非対称性のために、実験はひじょうにしばしば、何かが真であることを証明する——これは絶望的な努力である——ような仕方にではなく、「帰無仮説」を反証（否定）するような仕方に設計される。すなわち、カール・ポパーが指摘したように、たいていの一般法則は、ある現象や出来事の発生を禁止するか存在を否定するという形に組みたてられる。例えば「生物の発生の法則」は、あらゆる生物は生物から生まれるし、過去にもつねにそうだったと主張するから、生物の自然発生を禁じる法則とみなされる。自然発生の存在はルイ・パストゥールの細菌による腐敗に関する見事な実験によって極度に疑わしいことが示された。同様にして、熱力学の第二法則は多くの現象の発生を禁じる法則であり、第二法則によって課されるあらゆる禁制は、いずれも、確率の大きな状態から確率の小さい状態への自然発生的転化は起こる見込みが極度に少ないという原理の変形である。これらの禁制は、不幸にも、動力自給機械や永久運動機関とか、なまぬるい風呂の湯を二〇ガロン使ってやかん一杯の湯をわかす装置とかを設計するという、もっともらしくて、もうかりそうな企てを許しているが。

このように多くの仮説は否定形に変換することができるから、多くの実験は帰無仮説を——すなわち、調べようとする仮説の正しさを否定する仮説——を反証しようと試みるのである。この同じ原理は多くの統計的なテストにもあてはまる。一例としてR・A・フィッシャーのそれをあげよう。ある紅茶の味ききが、茶わんにミルクを先に入れたか後に入れたかをいつでも言い当てることができると自慢したとする。その真偽を試験するには、それに対する帰無仮説は、その人が正しく言い当てた回数と間違った回数は完全に偶然の法則に従うという仮説である。

これらの事がらは論理的に説明できるが、たいていの科学者は、研究を進めてゆくなかでほとんど本能的と思われるほど速やかに自然にそれをつかむのである。どんな実験においても、彼らは問題とする仮説を「証明」するとはめったに言わない。人間は誤りを犯しやすいということの長い経験に教えられて、科学者は、自分の実験による発見や分析結果は、調べようとした仮説と「矛盾しない（または矛盾する）」と言うのである。

どんな実験も、その結果がどんな形をとりうるかについてのはっきりした予想なしにはなすべきでない。なぜなら、仮説が宇宙に生ずる可能な出来事または出来事の連合の総数を限定しないなら、実験はいかなる情報をももたらさないからである。もし仮説がどんなことがおこるのをも許すのなら、実験しても知識は少しもふえない。あらゆることを許す仮説は無意味である。

一つの実験の「結果」は、観測値の総和ではない。実験の結果というものは、ほとんどつねに二組の観測値の差である。単純な一因子実験では、一組の観測値は「実験」、もう一組は「対照（コントロール）」と呼ばれる。前者には、調べようとする因子が存在するか、またはその因子を作用させる。後者はそうでない。実験の「結果」は、実験と対照との測定値の差である。対照なしの実験はガリレオ型の実験ではないが、ベーコン型の実験ではありうる。すなわち、自然の働きに多少の人工を加える行為である。ただしそれは知識の増大にはあまり役だたない。批判的な実験をやるためには、明確な計画をたて、それを綿密に遂行することが必要である。

よくある失策は——私自身も犯したことがあるが——、一つの仮説に愛着してしまって否定的な答えがでるのを好まないことである。愛好する仮説に恋着すると、貴重な時間を何年も浪費することがある。たいていの場合、最終的に決定的な肯定は得られないものだが、決定的な否定が得られることはしばしばある。

カント的実験

ベーコン的と、アリストテレス的と、ガリレオ的とで実験の全種類がつくされるわけではない。思考実験というものもある。私はそれをカント的実験と呼ぶ。哲学史上の最もはっとさせられる思索を示した彼の功績を記念してである。カントの示唆によれば、われわれは、人間の感覚的直観は「客体」——知覚される対象——の型に従って形成されるという通常の見解を認める代わりに、経験世界はわれわれの感覚的直観能力の特性に型どられて形成されるという見解をとるべきである。

その結果、彼は、先験的な知識——あらゆる経験と独立な知識——が存在するという有名な見解をつくりあげた。彼の説によれば、空間と時間はともに感覚的直観の形式であり、したがって「現象としての事物の存在の条件」にすぎない。このような見解を単なる形而上学的な空想として斥ける前に、科学者は、感覚生理学が今やますますカント的な傾向[4]をとりつつあることを反省すべきである。もう一つの有名なカント的実験は、ユークリッドの平行線の公理を別の公理で置き換えることによって、古典非ユークリッド幾何学（双曲線型と楕円型）を生みだした。人口学や経済学の計画も、カント的実験の例である。「もし少し異なる見方をしたら、どんな帰結がでてくるかを、考えてみよう」という思考法である。

カント的実験には装置はいらない。ときには計算機が必要だが。自然科学に特有な実験の種類は、ベーコン的とガリレオ的である。あらゆる自然科学はこの二種の実験に依存している、と言ってよかろう。歴史科学、行動科学、その他の主に観察的な科学では、探索的な活動の通常の終点は、テストできる内容をもつ見解の形成である。そのテストは社会学的な野外調査や炭素年代測定などによって、実際の事実を確かめたり、歴史的な記録と照合したり、望遠鏡を天の指定された領域へ向けることによってなされる。これらの活動はすべて本質的にはガリレオ的、すなわちアイディアの正否を批判的に調べる活動である。

ガリレオ的実験の効果は、不必要な誤りをいつまでも保持するという哲学的不名誉を防いでくれることである（絶えず修正を加えてゆく必要は第11章でもっと詳しく述べる）。経験を積んだ科学者は誰でも、よい実験とは何かを深く心得ている。それは単にテクニックの点で巧妙だとか丹念になされるということではなく、鋭さがあること、仮説とうまくかみあっているということである。したがって一つの実験の真価は、主としてその設計（計画）と、それを遂行するさいの批判的精神とにある。

しかし、精巧で高価な装置が時には必要であり、りっぱな科学者なら誰でも糸と封蝋と空缶がいくつかありさえすれば実験を遂行できるというロマンチックな考えにとりつかれてはならない。沈降係数を空缶と糸を使って測定する方法はとても考えだせない。缶を頭のまわりに毎秒一〇〇〇回以上*の速さでふりまわすことができる人なら別だが。他方、科学者は必要と思う装置の価格と複雑さに慎重な考慮を払わねばならない。科学者は、高価な装置と仲間たちの昼夜にわたる奉仕を動員するからには、前もってその実験がやるに値するものであることを充分確かめねばならない。「やる価値のない実験なら、うまくやる価値はない」という言葉があるのは当然である。

* 今日の超遠心分離機は毎分六万回以上の高速で回転する〔原著刊行時のデータ〕。

発見

実験にも多くの種類があるが、発見もやはりそうだ。ある種の発見は、ありのままの自然を単に認知しただけのことのようにみえる。それらは、いわばつねにそこにあって注目されるのを待っているものを見つけた以上のものではないかにみえる。私は、どんな発見もこのようにしてなされると考えるのは誤りだと信じる。私の思うに、パストゥールもフォントネルも（第11章参照）同意していたであろうが、発見のためには、頭がすでに正しい波長に乗っていなければならない。言いかえれば、そういう発見はすべて、かくれた仮説として出発する――すなわち、世界の本性についての想像的な先入観や期待として始まるのであり、眼前に現われるものを単に受動的に認めることによって得られるのではない。もちろん、情報を狩り集める活動は仮説の形成を促す活動だとは言えよう。ダーウィンの手紙をみると、彼は自分を「真のベーコン主義者」だと信じていた点では、自分を欺いていたのである。

化石の発見のような一見まったく直接の発見でさえ、しばしば、かくれた仮説の形成の結果である。さもなかったら、人はその化石動物をもう一度見直したり、後でもっと詳しく調べるために持ち帰ったりはしないだろう。ただし、その種の図式では、「生きている化石」魚のシーラカンス・ラティメリアの発見のようなすばらしい発見は説明できない。この発見が注目されたのは次のような理由による。すなわちたいていの化石――例えば肺魚の化石――は、その生きている子孫が見いだされ記述されてから後に発見されるのであり、ラティメリアの場合のように、化石が発見されてから、その生きている子孫が発見されることはきわめて異常だからである。そのため、その発見は何千年も前の世界への特別な、いろいろな意味で驚異的な洞察を与えるものと思われた。

私は、次の二種類の発見はともに同じ頭の働きによるものだと信じているが、総合的な（synthetic）発見と分析的な（analytic）発見という大きな区別を設けるのが有益と思う。総合的な発見とは、それまで知られていなかった出来事とか現象とか過程とか事態とかを最初に認知することである。科学に衝撃や深い影響を与える発見はたいてい、この種に属する。この種の発見の特徴は、それは必ずしもその時その場所でなされる必然性はなかったということである。すなわち、それは、考えてみれば、そもそも発見されなかったかもしれないものである。おそらくそれゆえに、われわれはそれらに畏敬の念をいだく。

この種の発見として私がよく引きあいにだすのは、フレッド・グリフィスによる肺炎双球菌の型転換*という現象の発見である。それは現代の分子遺伝学を生みだした。グリフィスの有名な実験では、死んだ肺炎双球菌がその特性の一部を生きている肺炎双球菌へ伝えたのだが、その死菌は無傷の菌体全体でなくてもよく、死菌からの抽出物でも同じ効果を示すことがわかった。何か特定の一つの化合物が型転換の原因になるにちがいなかった。アヴェリとマクレオドとマッカーティがそれはデオキシリボ核酸（DNA）であることを明らかにしたのは、近代科学の歴史における一大エピソードであった。この発見を「分析的」な性格の発見と呼んでも、その価値を少しも低めることにはならない。その発見は直観と実験技術の一つの極致であった。

分析的な発見の特徴は、DNAの構造の発見に至る思考の歩みをあとづけることによっても例示できる。まずW・T・アストベリがDNAのX線回折像を発見した。それは不完全なものであったが、それ以来、DNAは結晶的な構造――おそろしく反復的またはポリマー的（重合体的）な構造――をもつということが認められるようになった。その構造の正体の発見は、第11章で述べるような思考の歩みによって、すなわち、おそらくこうではないか、いやそれはちがうだろうという不断の対話の結果として生まれたのである。だが、もちろん、総合的な発見と分析的な発見という区別は固定的なものではない。DNAの構造の発見には、分析的な要素と総合的な要素との両方があり、DNAの構造は遺伝情報を担って次世代へ伝えるのにぴったりのものであるという点では総合的な発見だったのである。おそらく、このほうが、より偉大な発見だったのだが、「より偉大」と私が言うのは、総合的な発見――それまでは、そんなものがあるとは知られていなかった新しい世界を開いた発見――こそが、科学者たちが最もやりたいと思う発見だからである。

だが、発見をあまり重視するのは誤りだろう。近代生物学の最大の諸進歩は、ただ一つの生物現象や、ただ一つの生物「システム」の特性に対する徹底した不断の研究の継続から生まれたのである。肺炎双球菌の型転換もそうだったし、大腸菌のタンパク質合成の場合もそうだった。後者では、核酸の構造がタンパク質の構造へ転写されてゆく一連の段階が解明されていった。今や、細胞表面の「組織適合性」抗原に関する詳細な地図がそのように解明されてゆくのではないか。そこでは、個々の発見よりは、深い分析のほうが重要であり、それが結局は、特異性の分子的基礎を明らかにし、個体の発生のさいに、何故、ある細胞がここではなくあそこへ行くのか、ある細胞は互いにくっつき合うのに他の細胞はそうしないのかということの説明を助けてくれるだろう。分子生物学における深い分析は、やがて、例えばポリエチレンを分解する酵素または酵素系の合成のための詳細な分子的設計図を書きあげることを可能にし、地球の表面がそういうゴミでおおわれるのをへらすことができよう。

これらの理由により、若い科学者は、一つの自然法則や現象や病気などに自分の名がつけられることにならなくても落胆してはならない。とかく発見の重要さが過大評価されているとはいえ、若

＊（一二五ページ）肺炎双球菌の型転換は一種の突然変異であり、ある一つの型の炭水化物の莢膜をもつ肺炎双球菌の生菌を、別の型の莢膜をもつ肺炎双球菌の死菌と混合した時に生ずる。しばしば生菌が死菌の遺伝形質の一部を獲得するのである。

い科学者は、単に新しい情報を集めることによって名声や昇進が得られると考えてはならない――とくに、誰も実際には望まない種類の情報を集めるのは無益である。もし科学者が、いかなる方法によってであれ――理論的であれ実験的であれ――、世界をより理解しやすくするのに貢献するなら、仲間たちからの感謝と尊敬を得るだろう。

（1）本章は、私が *Induction and Intuition in Scientific Thought*（Philadelphia: American Philosophical Society, 1969）で提案した分類法に従い、それをもっと充分に説明したものである。
（2）科学に関するすばらしい名句引用集である Alan L. Mackay, *The Harvest of a Quiet Eye*（Bristol: Institute of Physics, 1977）による。
（3）K. R. Popper, "On the Sources of Knowledge and of Ignorance" in *Conjectures and Refutation*（New York: Basic Books, 1972）.
（4）P. B. and J. S. Medawar, *The Life Science*（New York: Harper & Row, 1977）, p. 147.〔『ライフ・サイエンス』、野島徳吉他訳、パシフィカ、一九七八〕

10　賞と栄誉

科学者は、スポーツマンや作家と同様に、さまざまな賞やその他の栄誉をめざす競争の渦中にある。

私の知るある科学者は、あらゆる機会に私に対して、自分はそういう不快な栄誉の存在を是認できないということを印象づけようとしてきた。そういうものはエリート主義の匂いがして、人々の間に社会的な優劣の区別をつけるものだというのであった。しかし、御当人がロイヤル・ソサイエティの会員（ＦＲＳ）にあげられる機会がきた時、彼は辞退はしなかった。大数学者Ｇ・Ｈ・ハーディは、かつて彼らしい超然とした物言いの一つとして、ロイヤル・ソサイエティ会員の資格など「比較的控え目なレベルの栄誉」であると言ったが、その地位に列せられることは、科学上の卓越した業績に対する報償として、大きな栄誉であり、科学者が熱烈に希求することである。正会員の地位はイギリスの国籍をもつ人に限られているが、名誉会員にはもっと広い範囲の人が選ばれる。

FRSに選ばれた人は、科学史上の偉人の多くが署名した名簿に署名することを求められる。新会員は、あの巨人たち――アイザック・ニュートン、ロバート・ボイル、クリストファー・レン、マイケル・ファラデー、ハンフリー・デーヴィ、ジェームズ・クラーク・マクスウェル、ベンジャミン・フランクリン、ジョサイア・ウィラード・ギブズなど――の列に加わるという光栄を感じるのである。

ロイヤル・ソサイエティは、人間精神の一大革命(1)が近代科学を生みだした時代にさかのぼる歴史をもつ。それは、ノーベル賞とは大いに異なる。なぜかは、こう言えば単純明快だろう。最も偉大な科学者たちの多くは、アルフレッド・ノーベルが多価アルコールの硝酸エステル（とくにグリセリン三硝酸）を安定化する方法を案出し、その収益に基づく賞を創設したのよりずっと前の時代の人たちだった。*ノーベル賞が世間でひじょうに有名なのには多くの理由がある。賞の創設が罪滅ぼしとしてなされたことに世論が満足したこと、おごそかな授賞式の挙行、賞金が高額なこと、受賞の有無による実際の差別などである。しかし――そしてこれはそのようなあらゆる差別に反対することの唯一の正当な理由だと私は思うのだが――、あらゆる選抜は誤りやすいものであり、選ばれる価値が本当にあり、かつ自分でもそう感じている科学者が選にもれた場合には、単に大きな不幸であるばかりでなく、生活費と研究費を人々（例えば行政上のお偉方たち）の判断に依存する科学者にとって直接の痛手になるおそれがある。人々は、いかに多くの科学者がロイヤル・ソサイエティとか科学アカデミーとかの会員に列される値打ちがあるのに実際には選にもれているかを、とかく知らないのである。同じことがノーベル賞の場合にもあてはまるが、この場合はそれほど嘆くに当たらない。なぜなら、ノーベル賞をもらわなくても、充分な業績をあげて人々に評価された科学者は、研究費の不足に悩まされるおそれは少ないからである。

旧来の教訓によれば、若い科学者があまり早く成功するのは「禍い」だとされる。あまり多くの受賞だの、あまり高い学校成績は、不吉の前兆だとしばしば言われている。気取り屋は受賞をふれまわりながら「私は学校ではあまりできがよくなかったと思う」などと述べたてるので、われわれは、あの男は他のもっとすばらしい能力のおかげで、それでも少しも不利にならなかったのかと推測することになる。

早期の成功と後年の失敗との相関関係と称されるものは、私の思うに、すでに述べた記憶の選択性というわなから生ずるものではなかろうか。成長して鉛になる人のうち、子どものとき黄金だった者が、最も記憶に残りやすいのであり、もしその子が後に成功したなら、予想通りのことなので記憶に残らないというわけである。

以上で賞や栄誉の暗い面を強調したが、ひじょうに明るい面もあるのである。受賞者や被指名者

＊ 例えばニュートンをキャプテンにした古今の大科学者の世界チームを、よその惑星からの同様なチームと対抗するため選抜するなら、ノーベル賞受賞者はほんの少ししか選ばれないだろう。

の選定は、科学者たちが最も切望する評価——同僚たちからの高い評価——に依存する。栄誉を得ることは善良な科学者にとって大きな精神的後援を得ることになり、同僚たちからの信頼と尊敬の表現であるその栄誉は、その人の研究を促進し、おそらく従来よりいっそうよい仕事をするのを助けるであろう。同様にして、賞の受賞者は、その受賞がまぐれ当たりでなかったことをすべての人に示したいと思うであろう。

これらの点では賞や栄誉の授与はまぎれもなく有益であるが、ときには、不幸にも正反対の効果をもたらすことがある。思いおこすに、かつて私がオクスフォードの大学院生だったとき、ある指導教師が「僕はロイヤル・ソサイエティ入りしたらすぐに、研究はすっかりやめるつもりだ」と言ったのを聞いて、友人と二人であきれたと話しあったものだった。その男がその恥ずべき野心をとげる機会がついにこなかったのは因果応報と言うべきだろう。

もちろん、こういう栄誉を獲得することが裏目にでる場合もある。ノーベル賞受賞者のなかにも、研究をやめてしまい、世界中をとびまわって、科学・人類・価値・人間の努力等々の抽象名詞を並べた名前の会議に参加して演説したりするのに時を費やしている人がいる。そのような受賞者たちの虚栄に絶えず油を注いでいることに、彼らは、「今から後は、世界の諸国は平和と友好のもとで共存し、政治的紛争を解決する手段として戦争を用いることを放棄せねばならない」とかいうような種類の宣言に署名するように招かれ、それによってその種の宣言が世に迎えられるのを助けるようにと求められているのである。

いったい、そうした宣言に反対の意見をもっている相当な数にのぼる人たちが、ひとまず判断を保留していて、五〇人のノーベル賞受賞者が署名すれば意見を変えるなどということがありえようか？　これもまた一つの人間喜劇である。だが、ノーベル賞受賞者たちに対する過大な尊敬は時には有益な結果を生むこともあろう——とくに、無実の囚人を圧制から解放するのを助ける活動ではそうであり、それには、アムネスティ・インターナショナル（国際人権委員会）がとくに活躍している。

幸いにも、科学上の栄誉は、試験勉強をするような仕方では得られない。若い科学者は、自分がやがてそういう栄誉の候補者になるにたるような良い仕事をすることしか望みえない。

そのような栄誉を求める野心は何ら高貴なものではないが、若い科学者がそのために努力することを促すのが、しばしば、賞や栄誉の創設者や後援者の主な目的であった。

（1）Charles Webster, *The Great Instauration: Science, Medicine and Reform 1626-1660* (London: Butterworth, 1976).

11 科学の方法

私は、理解するために研究する
——ジャック・モノー——

科学者は、どのようにして発見をしたり、「法則」を提出したり、その他の仕方で人間の知識を拡大する仕事をやってゆくのか。「観察と実験によって」という通常の答えは、確かにまちがってはいないが、条件つきで解釈されねばならない。観察とは、感覚による情報を単に受動的に受け入れることではなく、実験とは、第9章でベーコン的実験と呼んだ種類のもの——すなわち自然界で自発的には起こらない現象や一組の出来事をつくりだすこと——だけに限られない。観察とは、批判的で目的をもつ作業であり、あれではなくてこれを観察するというのには科学的な理由があるのである。科学者が観察するものは、つねに、可能な観察対象の全領域のなかの一小部分のみにすぎない。実験もまた批判的な作業であり、いろいろな可能性の軽重を判別し、さらに思考を進めるべき方向を見いだすことである。

いまかりに、若い科学者が、一メートルかそこらの仕事台のスペースと、一枚の白衣と、図書館利用許可証と、一つの問題――彼が自分で考えついたか、上長から調べるように言われたもの――をもっているとしよう。最初は、それは小さな問題であろうと想像してまず間違いない。それを解くと、あるもっと重要な問題の解決が容易になり、以下同様にして、ついには仕事の長期的な目標がみえてくるというわけだ。非科学者には、小さい問題と大きな問題とのつながりがすぐにはわからない。しばしば人文学者は、科学の教室の黒板に書かれている細々しいことをみて、若い科学者たちは滑稽なほど特殊な仕事に取り組んだなと思うにちがいない。科学者のほうも、いったい何がりっぱな大人をチューダー朝時代のコーンウォールの地方情勢の研究なんかに取り組ませているのかしらと不思議に思うだろう。科学者は、そういう研究が宗教改革という大問題に関するものだとは気づかないからである。

だが、科学者は自分の問題を解くのに、どんなことをするだろうか。科学者にとってまったく確かなことの一つは、事実的情報を単に集めるだけでは役にたたないということである。[1] 新しい真理は、事実の山のなかから出てきはしない。なるほどベーコンやコメニウスやコンドルセ（後述）もまた、経験的事実の収集と分類が自然の理解をもたらすと信じているかのような文章をしばしば書いてはいる。しかし、彼らのそういう言葉は、あるかなり特殊な事情によるものだった。彼らは、演繹は新しい真理の発見をもたらしうる精神活動であるという考え――すなわち、精神活動だけで知識を拡大することができるという考え――に反駁することを、強い義務と感じていた。十七世紀の哲学的および科学的な著作――とくに、ベーコン、ボイル、グランヴィルなどの著作――には、アリストテレスの思考方法を追放しようとする言葉がみちている。彼らはみな、アリストテレスの伝統のもとで育てられたのであった。

ベーコンは観察と実験を熱心に説いたが、それはもちろん、彼の科学哲学のすべてではない。彼はまた、事物の真理に到達するためのいくつかの規則を提唱したが、それらは二〇〇年後にジョン・スチュアート・ミルがその著『論理学大系』で発見の規則として提出したものと本質的に似たものだった。それらの帰納法の規則は、特殊な条件のもとでのみ有効である。すなわち、与えられるものがすべて、当の問題の解決に関係のある事実であり、それ以外のものではない場合――すべて真実であり、虚偽をまったく含まない場合――である。例えば、あるディナーパーティの出席者の一人が激しい病気になった原因を疫学的に究明することを求められたとしよう。出席者全員にだされた飲食物は知られており、食卓についた時には誰一人異常がなく、食事の後にも当人以外の誰にも異常がなかったことが知られているとする。そうすれば、いわゆる帰納法の規則を適用できる。誰もが食べたものは、唯一人の人の病気の原因ではありそうもなく、誰一人手をつけなかった皿もそうである。ところが、当人だけがクリーム・シラバブ〔クリームに果実酒をまぜて泡だてて固まらせたもの〕を食べたことがわかった。こうして、唯一人だけが危険を冒したことから、その人だけの中毒の説明がつく。こういう単純な仕方の初等論理と常識の適用は、もはやベーコンが唱えた長々しい訴えを引きあいにだして正当化する必要はない。ミルやベーコンが事実を狩り集めることの重要さを説いた理由は、それが科学者にそのような発見の手順を進めてゆくに必要な事実を与えるからであった。

実際には、ことは、そううまくはゆかない。真理は、自然のなかで自己が発見されるのを待ってはいないし、われわれは、どんな観察が役だち、どんな観察が役だたないかを先験的に知ることはできない。知識の拡大はつねに、何が真理でありそうかについての頭のなかでの予想から始まる。この頭のなかでの予想――「仮説」――がどのような仕方で生ずるかは、他のどんな創造的な精神活動の場合のそれより、理解することがより困難でもなく、より容易でもない。それは、突然ぱっと頭に浮かぶのであり、霊感とか直観のひらめきによって生ずるのである。とにかくそれは、頭のなかからでてくるのであり、既知のどんな発見方法を使ってもひきだすことはできない。仮説とは、世界が――または世界のある特別興味ぶかい部面が――どんな仕組みになっているのかについての一種の下絵である。いやむしろ、それは広い意味での一種の機械的発明物であり、考案が具体化されて、その働きがテストにかけられる試作品である。

こうして、科学の日々の仕事の本質は、事実を狩り集めることにではなく、仮説をテストすることにある。すなわち、仮説またはその論理的帰結が現実の世界についての陳述であるか否かを確かめること、発明の場合なら、それがうまく働くか否かを調べることにある。実験という言葉は、今日最も広く使われている意味ではガリレオ的実験（第9章参照）を指すが、その種の実験は仮説をテストするために行なわれる活動である。

結果としては、科学は、自然界がどのようなものであるかについてのわれわれの現在の見解を表わす諸理論が論理的に結び合わされた一個のネットワーク構造である。

科学者は、調べようとする仮説をつくると、作業を開始する。その仮説が彼に、どんな観測をすべきかを指示し、さもなければ行なわれなかったような実験をやるように示唆する。やがて科学者は、経験によって、よい仮説がもつべき諸特性をつかむようになる。第9章で説明したように、ほとんどすべての法則や仮説は、ある現象の生起を禁ずるような仕方で言い表わすことができる（前述の例では生物発生の法則は、自然発生を禁止する法則となる）。もちろん、どんな現象をも許す仮説は、まったく何も教えてくれない。禁ずる現象が多ければ多いほど、その仮説は、より多くのことを教えてくれる。

さらにまた、よい仮説は論理的直接性をもっていなければならない。その意味は、説明する必要がある限りのことのみを説明し、それ以外の多くのことを説明しないということである。例えばアジソン病やクレチン病を「ホルモン分泌腺の機能異常」の結果だとする仮説は、まちがいではないが、あまり役にたつものではない。仮説が論理的直接性をもつなら、比較的直接的で実行可能な手段によってテストすることができる——テストのために新しい研究所をつくったり宇宙旅行へ出かけたりはせずにすむのである。私が別の本に書いた「解けるものを解く技術」の大部分は、実行可能な実験によってテストできる仮説をつくる技術である。

経験科学の日常の仕事の大部分は、仮説の論理的帰結——すなわち、その仮説が真であると仮定したとき導きだされる結論——を実験によってテストすることにある。私が批判的実験またはガリレオ的実験と呼んだものは、思考を次にはどの方向へ進めるべきかを示してくれる。実験結果が当初の仮説と合致したなら、その仮説は仮及第であり、もっと詳しいテストを計画せねばならないし、さもなかったなら、仮説を修正するか、極端な場合はまったく廃棄して対話を再出発させねばならない。この対話とは、可能性と現実との間で、すなわち、真であるかもしれないことと、実際に真であることとの間でなされるのであり、想像の声と批判の声との間の対話、ポパーの言う推測と反駁との間の対話である。

頭脳のこのような活動は、あらゆる説明的な作業に必要なものであり、決して実験科学の場合に限られない。人類学者の作業の仕方も、社会学者の場合も、医師が診断をするさいにも、本質的に同じことをする。自動車の修理工が、どこが故障したのかを見つける場合にも、やはりそういう仕方で頭を働かせる。それは古典的な帰納主義の事実収集とは遠く異なる。若い科学者が仕事をしてゆくさいの考え方に関する論理的な一つの問題点をあげるに、彼らは仮説を「演繹する（deduce）」

とか「推論する（infer）」という言葉を使ったり、そのように考えることを、つねに避けることが必要である。仮説とは、そのようなものではなく、われわれは仮説から実際の事実についての陳述を演繹または推論するのである。そのため、アメリカの大哲学者C・S・パースが明示したように、われわれの観察がでてくるもとになる仮説をつくりあげてゆく過程は、演繹（deduction）とは逆の形の過程であり、それに対してパースは retroduction および abduction という言葉を造ったが、どちらも世に流通するには至らなかった。

以上の見解のいくつかの帰結

フィードバック

すでにしばしば指摘されているにせよ、ここで再び指摘しても害はないことだが、もしわれわれが仮説からひきだす推論が、仮説の論理的な結果だと考えられるなら、その推論の結果としての予測が現実とよりよく一致するように仮説を修正してゆく作業は、負のフィードバックという基本的で普遍的な方策の一例である（次の「虚偽の立証」をみよ）。このことからわかるように、科学の研究は、他の種類の説明と同様に、結局は一つのサイバネティックス的――舵取り的――な作業であり、それによってわれわれは自分たちの進路を見定めて、めまぐるしく複雑な世界の理解を進めてゆくのである。

虚偽の立証と、証明の非対称性

証明の非対称性を認識することは、上述のような思考の発展図式（仮説―演繹法）を理解するための土台になる。

学校の論理学にでてくる単純な三段論法を考えてみよう。

大前提　すべての人間は、死を免れない。
小前提　ソクラテスは人間である。
推　論　ソクラテスは、死を免れない。

演繹法は、正しく適用されれば、もし前提が真なら推論も真であることを、完全かつ無条件に保証する。確かにソクラテスは死を免れられない。だが、これは一方向的な過程である。ソクラテスが死んだことは、歴史の研究によりそれが確かめられたとしても、彼が人間であったことと、人間は一般に死を免れられないものであることとのいずれをも、積極的に保証してはくれない。もしソクラテスが魚で、すべての魚は死を免れられないとしても、三段論法はまったく同じ結論をもたらすはずである。しかし、もしソクラテスが死を免れられないものでなかったとしたなら、すなわちこの三段論法の結論がまちがっていたなら、前提がまちがっていたのだと完全に確信をもって言うことができる。すなわち、ソクラテスは人間でなかったか、または、すべての人間は死を免れられないとは言えないのであると。

前提と結論との間の関係のこのような非対称性の結果として、結論が虚偽であることの立証（反証）は、人々がしばしば無頓着に「証明」と呼ぶものよりも論理的に強力な過程である。事実、科学者は、何かを「証明」したと断言することはあまりないのである。経験を積めば積むほど、ますますそうなる。科学者は、経験を積むにつれて、そのような反証がもつ力の強さと、初心者が「証明」と呼ぶものがもつ不確かさを深く味わうようになる。第9章で説明したように（そこでは別の理由で述べたのだが）、よく用いられる実験計画の立て方は、帰無仮説——調べようとする仮説と正反対の結論をもたらす仮説——をたぶん否定するような仕方でなされるのである。これらすべての理由により、科学上の仮説や理論はすべて、決して絶対的な確実さはもちえない——いかなる批判の余地や修正の可能性もないほどの確実度に達することはできない。

したがって科学者は真理追求者である。真理は、科学者がそれに向かって手をのばすところのもの、その方向に顔を向けるところのものである。しかし、完全な確実さは、科学者の手のとどくところにはなく、彼が答えを得たい多くの問いは自然科学の議論の範囲外にある。二十世紀の最大の科学者の一人ジャック・リュシアン・モノーの最後の言葉——本章の冒頭に掲げたもの——は、科学者がつねに達成しうる野心を表わしている。科学者は理解しようと試みることはできるのである。

科学的陳述とは何か

科学者が専門家としての立場から科学的陳述を行なう場合、しばしば他の人々を「非科学」だと非難しがちであるから、科学と常識の領域に属する言説と、そうでない議論の領域に属する言説との区別を可能にする境界線を引くことが有益であろう。

論理実証主義者は、この問題に最初に取り組んだとき、その答えは「立証」（verification あることが真であると証明すること）という概念のなかにあると感じた。その結果、科学的陳述とは、実際的または原理的に立証可能なものであるとされ、原理的に立証可能な陳述とは、それを立証するためにとるべき手段またはとりうる手段を知ることが可能な陳述であるとされた。原理的に立証可能でない陳述は「形而上学的」として斥けられた——この語が「たわごと」という意味を婉曲に表わすために使われた。カール・ポパーは、反証（falsification あることが虚偽であると証明すること）というものの有効さについての彼独特の充分根拠のある見解に基づき、「原理的な立証可能性」を「原理的な反証可能性」で置きかえた。彼が提案した新しい境界線は、彼の主張によれば、sense（まとも）とnonsense（たわごと）との間にあるのではなく、単に二つの異なる議論領域の間にあり、一方は科学と常識（common sense）の世界に属し、他方は形而上学の世界に属しまったく異なる目的に役だつものとされた。

運はどこに介入するか

「セレンディプ（Serendip）」とはスリランカの昔の名である。ホレース・ウォルポールのおとぎ話『セレンディプの三人の王子』がもとになって、まったくの幸運だけでうまい発見や発明に出会うことが、「セレンディピティ（serendipity）」と呼ばれるようになった。

幸運は科学の研究で確かに一役を演じる。長い間にわたり失望が続いたり、研究をいくら進めても出口がみつからない状態が続くと、科学者はしばしば、そろそろ運が開けるはずだと言ったり思ったりするものだ。だがその意味は、本当に偶然とみなされるべき好運にぶつかること――何か新しい現象や出来事の新しい結合が、そっくりそのまま運よく眼前に現われること――ではなく、そろそろ正しいアイディアが得られる時期だということ、すなわち、問題を単に見掛け上説明してくれるだけでなく批判的な検討に耐えられるような仮説がそろそろ頭に浮かぶ時だという意味である。

ロージャー・ショート博士は、発見には単なる観察だけでは充分でないことを示すきわめて興味ぶかい実例を示した。それは、ウィリアム・ハーヴィが最高の観察者だったことのために格別説得力がある。ショートは、妊娠についてのハーヴィの考えを論じて、こう指摘した。すなわち、ハーヴィは哺乳類の生殖における卵巣の関与をまったく見逃し、アリストテレスと同様に、卵子も妊娠の産物であり、とくに雄の「種子」の産物であると信じたと。ショートはこう付言している――「ハーヴィの解剖と観察はほとんど無欠だった。それらの解釈においてのみ彼は誤りを犯したのであった。彼の過誤は今日のわれわれの多くにとってさえ教訓として役だつであろう」[2]。

しかし、世間でもっとふつうに言う意味での好運とは何であろうか。例えば、アレクサンダー・フレミングのペニシリンの発見の場合はどうか？

フレミングはりっぱな科学者だったので、細菌培養皿を定位置にセットするほどもったいぶってはいなかった。ところが神話によれば（それは神話だと私は聞いたのだが）、次のように言われている。ある日、フレミングがブドウ状球菌か連鎖状球菌の培養皿をセットしていた時、パンのカビのペニシリウムの胞子が一つ窓からとびこんできて、彼の培養皿に落っこちた。するとその胞子の周りに細菌の生育が阻止された輪が生じ、その発見が出発点になって他の一切のことがでてきたのだと。

長年にわたり私はこの話を信じていた。なぜなら信じない理由もなく、疑う気も起こらなかったからである。ところが、ハマースミスのイギリス医学大学院のある皮肉屋の細菌学者が、その話にいくつかの理由で反論した。第一に、ペニシリウムの胞子は、そういう仕方で発芽して細菌生育阻止領域をつくることはないはずだという。その細菌学者はそれに加えて私にこう語った。フレミングがいたセント・メアリ病院の建物は旧式の建物で、窓はまったく閉まらないか開かないかのどちらかだったはずだ。フレミングの部屋は後者だったから胞子が窓からとびこんだはずはないと。

フレミングの発見をめぐる伝説が詳しい吟味にたえられなかったのを私は残念に思った。なぜなら私はそれが本当だと信じていたかったからである。しかし、たとえそれが本当だったとしても、それは運の効力についてたいしたことを教えてくれはしなかったろう。フレミングは人情の厚い人で、第一次大戦の戦傷者たちに生じた壊疽やその他の恐ろしい併発症をみて衝撃を受け胸を痛めた。当時あった唯一の防腐剤であるフェノール剤は、体液によってほとんど完全に不活性化され、しかも身体の組織に対し細菌に対する以上の傷害を与えるため、細菌に感染した傷をいっそう悪化させるのだった。それゆえフレミングは、組織に害を与えない抗菌性物質の特殊な利点をはっきり頭に描いていたのだった。

フレミングが結局はペニシリンを発見したのは、彼がそれを捜していたからであると言っても、それは方法論的にみて言い過ぎではない。彼が実際に観察したことが何であったにせよ、それと同じものを何千もの人々が観察しただろうが、彼らはそれを何ら理解せず、その観察に基づいて何かをしようとはしなかった。ところがフレミングは、頭のなかにぴったりした差し込み孔をもち、それが差しこまれるのを待っていたのである。幸運はほとんどつねに、それによってみたされる期待が前もって存在する所にのみやってくる。パストゥールの有名な言葉によれば、幸運は待ちかまえた頭脳に恵みを与えるのであり、フォントネルの言葉によれば「こんなまぐれ当たりは、うまい役者でなければおこらない」。

しかし、ペニシリンについては、どんな頭脳もおそらくあらかじめ待ち受けていることはできなかったような純粋な幸運のすばらしい一撃があったのである。というのは、最近の研究によって初めて明らかになったのだが、たいていの抗生物質は、細菌の代謝機構のうちの、細菌と正常の人体細胞とが共通にもっている部分を阻害するため、人体にとって毒性が強い。アクチノマイシンDはその一つの好例であり、それは細胞核のＤＮＡが、その遺伝作用の仲だちをするＲＮＡへ転写される過程を阻害する。この転写の機構は細菌と体細胞とに共通であるため、アクチノマイシンＤは、細菌にばかりでなく正常の体細胞にも害を与える。ペニシリンに毒性がないのは、それが細菌のみに特有の代謝機構を阻害するためなのである。

科学の限界

たとえわれわれが、科学は、最初にして最後のものについての、すなわち目的についての問いには答えることができないのだということを認めるとしても——私はたぶん、われわれはそう認めざるをえないのではないかと思うにせよ——、科学が答えることのできる種類の問いに対して科学がどこまで答える能力をもつかには、まだ既知の限界や考えうる限界はない。十七世紀の科学の始祖たちが「プラス・ウルトラ」をスローガンとしたこと——科学にはつねに前途があると信じたこと——は、まちがいではなかった。ホィーウェルが、後にカール・ポパーがゆきとどいた体系に仕上げたのと概して同じ種類の科学観を初めて提出したとき、彼の論敵のジョン・スチュアート・ミルは、仮説は想像力の産物であり、したがって想像力そのものの限界以外には限界をもたないものであるという説に衝撃を受けた。ミルを最も驚かせたのは、科学の大きな栄光の一つであり、われわれの第一の確信であるところの、科学には限界がないということである。科学は、科学者たちが真理はいかなるものであるかを想像する力または動機を失わないかぎり、生気を保つであろう。科学の終わりを頭に描くことは、想像的な文学や芸術の終わりを頭に描くこと以上に容易ではない。もちろん、解けない問題もいろいろ残るだろう。カール・ポパーとジョン・エクルズは、脳と精神とのつながりの問題はその一つかもしれないと述べたが[3]、その他にどんな問題があるかを考えるのは容易でない。

パラダイムの進軍

科学の方法を説明するのに私が「仮説と演繹」という過程を偏重したのは、私が自分自身の思考過程をできるだけ正確に考察した結果に基づくものであり、かつ、かなり多くの科学者と医師が、それこそがものごとを探査するという過程の特徴を正しく表わすものだという意見に到達していることに力を得たためである。だが、私の描いた図式だけが科学の方法の解釈について世に流行している唯一の説だという印象を読者に与えるのは公正でない。トマス・クーンが『科学革命の構造』および最近の『本質的緊張』[4]で述べた見解は、大きな関心をひきおこした。クーンの見解については「知識の批判と成長」と題するシンポジウムでクーン自身と他の人が論じた啓発的な議論が出版されている。[5]

クーンの見解は人気を博した——科学者たちがそれを啓発的と思った証拠である。そう言えるのは、科学者たちが単なる哲学的思索だと思うものにあまり時間を費やす余裕がないからだが、クーンの見解とポパーの見解は相反しはしない。

クーンの立場は大まかに言えばこうである。すなわち、仮説の批判的評価をポパーは正当にも大いに重視したが、クーンは仮説の評価を科学者と現実との間の私的な取引ではなく、いわば事実と空想との間の社会的競争とみる。科学者が自分の仮説を評価する物指しは、その時代の科学的見解の「体制」——広く認められている理論的約束や広く信じられている観念の枠——であり、科学のなかで日々生ずる問題は、そのような現行の「パラダイム」に照らして解釈される傾向がある。そのような枠の範囲内で研究する科学者は、クーンが「通常科学（normal science）」と呼んだものを行使しているのであり、その研究はその限りでの謎解きであると。

だから、J・W・N・ワトキンズが前記のシンポジウムで、クーンは科学社会を宗教社会と類比し、科学を科学者の宗教とみていると評したのももっともだ。たしかに科学者たちは科学社会で広く信じられている観念をふりすてるのをしばしばいやがり、現行のパラダイムの枠からはずれた考えにはしばしばいらだちを感じる。しかし、通常科学はいつまでも無敵ではいられない。やがてはたいてい、破格な科学者や破格な科学現象が既成のパラダイムを破り、新しい正統派——新しいパラダイム——が樹立されて「通常の」科学の定義を更新し、再び革命が起こるまでそれが支配を続ける。クーンが最近の著書の表題で言った「本質的緊張」とは、科学に関する教理やドグマの継承と、クーンが世に広めた意味での「パラダイム」の更新をひきおこす時折りの激変との間の緊張である。

クーンの見解は、科学者たちの心理をいくらか照らしだしたもので、科学の歴史に対する興味ぶかい論評であるが、一つの方法論——研究方法の体系——を提示するものではない。

実際の研究では、科学者は一つの仮説を、それを斥ける理由にぶつかるまでは信じようとするものである。それがその人の個人的なパラダイムであり、もしそれが自分のアイディアを具体化したものであるなら、それを所有することの一種の誇りによって、それは強化されているであろう。他方、革命はと言えば、それは絶えず進んでゆくものであり、科学者は自分の研究について明日は今日とまったく同じ見解をもちはしない。なぜなら、ものを読んだり、頭のなかで考えたり、仲間と討論することによって、重点の置きどころが変わってゆくし、ときには根本的な考え過ごしさえ起こるからである。クーンの著作のなかには、私にこう思わせるものが含まれている——すなわち、彼は通常科学の世界を、既成の秩序の枠内での安定した敬けんなブルジョア的満足の世界とみているのではないかと。しかし、実際には、それはむしろ毛沢東主義者のいう不断の革命の小宇宙に似ている。創造的な研究をしているどんな研究室でも万物は流転している。もちろん、社会科学ではそうでないかもしれない。そこでは波がもっとおそくて、一つの見解が評価されるまでにはもっとずっと長い時間がかかる。おそらくそこにこそ、「通常科学」という言葉があてはまるのであり、それが交代する過程は革命にもっとぴったり結びつくだろう。

方法論が騒がれすぎてはいないか？

科学的探求の歩みは、ふり返ってみれば、仮説—演繹的な性質のものであると示すことができるにせよ、若い科学者はきっと、そんなものに何か大きな公式が必要なのかといぶかるだろう。考えてみれば、今までたいていの科学者は科学的方法について形式的な教育を受けてはこなかったし、そういう教育を受けた人が受けなかった人より成功するようには思われない。

若い科学者は何も仰々しい方法論を行使する必要はない。しかし、単に事実を集めることはせいぜい一種の室内娯楽でしかありえないことははっきり悟らねばいけない。科学者を経験的観察から真理へ速やかに導いてくれる思考の公式や推理のプログラムは存在しない。観察とその解釈との間には、ある精神活動がつねに介在する。科学における創造的活動は、すでに説明したように、想像力による推量の仕事である。科学の日常の仕事には、強い理解力によって支えられた常識の行使が必要である。ただし、演繹の過程で日常生活で使われるもの以上に巧妙で深遠なものを使う必要はなく、そこに何が含まれているのかをつかみ、まがいものを見分ける能力と、あやしい実験結果や愛好する仮説の魅力にだまされない断乎とした決断力とが必要なのである。並はずれた豪快な思考が必要なことは稀である。「科学的方法」としばしば呼ばれるものは、強化された常識なのである。

科学者は、自分の観察結果や見解を他人に信じさせようとする前に、まず自分自身が確信をもたねばならない。この努めをあまり安直に片づけてはならない。何でも軽々しく信じるやつだと思われるようなことをするよりは、何にもなかなか満足せず、他人の説を承服したがらないやつだという評判を得るほうがはるかにましである。他方、科学者は自分の仕事について仲間の率直な批判を求めるなら、相手の言うことを尊重する用意をもたねばならない。また、自分の研究結果を支える実験の計画がずさんだったり、やり方が不適当だった場合に、仲間の科学者に対して、その研究結果が明白で確実なものであるとか、自分の見解が真に首尾一貫したものであると信じさせようとすることは、仲間に対して不親切であるばかりでなく、敵対的な行為でさえある。総じて言うに、批判というものは、科学のどんな方法論においても最も強力な武器であり、それこそが、科学者が誤った考えに甘んじ続けずにすむことを保証してくれる唯一の手段である。あらゆる実験は批判である。もしある実験が、人に自分の見解を修正させる可能性を与えないなら、そもそもその実験をやるべき理由はありそうもない。

（1）謝辞を何度もくり返すのを避けるためにここでまとめて記しておくが、本章の以下の議論はおおかたカール・ポパー卿（FRS）の諸著作、とくに、*The Logic of Scientific Discovery*, 3rd ed.（London: Hutchinson, 1972）〔森博・大内義一訳『科学的発見の論理』恒星社厚生閣〕と *Conjectures and Refutations*, 4th ed.（London: Routledge &

Kegan Paul, 1972)〔藤本隆志・石垣寿郎・森博訳『推測と反駁』法政大学出版局〕とに基づく。

(2) R. V. Short, "Harvey's Conception" in *Proceedings of the Physiological Society* (July 14-15, 1978). なお Zuckerman, ed., *The Ovary*, vol. 1, 2nd. ed. (New York: Academic Press, 1977) のなかのショートの論文も参照。

(3) Karl R. Popper and John Eccles, *The Self and Its Brain* (Berlin: Springer, 1978) の序文。

(4) Thomas Kuhn, *The Structure of Scientific Revolutions* (Chicago: University Press, 1962, 2nd ed. 1970)〔中山茂訳『科学革命の構造』みすず書房〕; *Essential Tension* (Chicago, Ill.: University Press, 1978).

(5) I. Latakos and A. Musgrave, eds., *Criticism and the Growth of Knowledge* (Cambridge: Cambridge University Press, 1970).

12 科学的メリオリズム（改良主義）と科学的メシアニズム（救世主義）

科学者はとりわけ楽天的（多血質）な気質をもつ。この気質はしばしば、スティーブン・グローバードが「人文学者の憂うつ症」と呼んだものと対照され、やや不信の眼でみられている。とはいえ、科学は公言した目的の遂行の点では人間がこれまで企てたあらゆる活動のなかで断然最大の成功を収めてきたことを考えれば、それは少しも不思議ではない。ただし、われわれは飛ばなかった飛行機の話はあまりきかされないし、棄てられた仮説はたいていひそかに嘆かれるのである。

科学者は楽天的であるかもしれないが、それを「オプティミスト（楽天主義者）」と呼ぶことは哲学的に誤りである。なぜなら、もし彼らがそうであるなら、彼らの存在理由の多くがなくなってしまうはずだ。オプティミズムはライプニッツの護神論（théodicée）からでてきた形而上学的信仰であり、ヴォルテールによるひやかしに耐えられなかった。ヴォルテールは小説『カンディード』でそれをやっつけた。「万事がよろし」くはないのだと彼は言う。この世は可能ななかの最善の世界ではないのである。

ユートピアとアルカディア

科学者はまたとかく気質がユートピア的——すなわち世界の全面的な改良が原理的にばかりか、おそらく実際にも可能だと信じる傾向がある。ユートピア思想が高揚した時代は、地球表面の発見航海が今日の宇宙旅行と同様な意義をもっていた時代だった。当時のユートピア——ベーコンの「ニュー・アトランティス」や、J・V・アンドレーエの「クリスチアノポリス」や、カンパネラの「太陽の国」——は、はるか遠方にある同時代の社会だったが、今日人々が夢想するユートピアは、遠い未来か、遠方の未発見の惑星の上にある。

アルカディア思想は未来や遠方へ眼を向けるのではなく、やがて回帰しうるであろう過去の黄金時代をかえりみる。アルカディア〔田園牧歌的理想郷〕とは、まだ野心と探求によって汚されていないけがれなき世界、ゆるぎない秩序に信心深く従っている世界、競争も野心もない、「真理と正直な生活」の世界である。ミルトンは、教育の目標を「われわれの最初の父母の堕落を回復させること」——アダムとイブの原罪の前の世界の幸福なけがれなさへ復帰すること——だとみた。アルカディアを待望する思想は、ミルトンと同時代の清教徒の知識人たちの至福千年説信仰には稀なことではなかった。彼らが――チャールズ・ウェブスターが『大革新――科学、医学と一六二六―一六六〇年の改革[1]』ではっきり示したように――ベーコンとコメニウスの科学革命にひじょうに重要な役割を演じたことは、少しも不思議ではない。なぜなら、彼らのアルカディア信仰と、彼らが新哲学の指導者になったこととは、当時の世界に対する極度の不満の現われだったからである。

アルカディア思想は今日でも死滅してはいない。それは単に別の形をとっているだけである。歴史が循環するという観念は棄てられたとはいえ、アルカディア思想は、世の現状への不満によって、とくに、「それは科学のせい」と信じられているものへの不満によって今なお駆りたてられている。

そのような近代のアルカディア思想の一つが人間の最高の条件として頭に描いているのは、十八世紀のイギリスの富裕な土地所有紳士の状態である。そのような豪農の当主は、自家の農地の健康的で豊富な生産物で暮らし、満ちたりて礼儀正しい小作人たちにかこまれ、本当に彼らの面倒をみてやった。そればかりか、多数の内働きと外働きの召使いを雇ってやり、朝のお祈りの集まりをしたり規則正しく教会へ通って彼らに男らしい敬神のお手本を示した。このような土地所有紳士は、大家族を養い、その長男がやがて跡を継いで土地の管理経営に当たり、娘たちは母を助けてあらゆる家事を取りしきり、やがて有利な結婚によって家名をいっそう高める。このようなアルカディアの小宇宙を仕上げるために、若い住み込みの家庭教師が、たぶん一族の家計にも眼をくばりながら、子どもたちを教育してサミュエル・ジョンソンが是認したような型の人間（五五ページ）にしようと全力をつくすのだった。

これは豪農の当主自身にとっては疑いもなくすばらしい世界だったが、内働きの召使いたちにとっては決してそうではなかった。夜は主人側の人がみな寝るまでは誰も床につくことはできず、ある者は夜明け前に起きて寝室や居間の暖炉に火をつけ、旦那さまが下へおりてくる前に万事を整えておかねばならない。外働きの召使いの仕事もひじょうにきつかった。彼らは、世の秩序のなかでの自分たちの地位を考えるとき、おそらく主人たちのように満足は感じなかったろう。彼らはつねに、自分自身と自分の家族の暮らしが旦那さまや家令の裁可と好意に依存していることを意識せねばならなかった。

旦那さまの妻にとっても、ことはあまりすばらしくはなかった。妻は当時のきびしい乳児死亡率をうめあわせるため次々と赤ん坊を産まねばならず、そのうえいろいろな病気や障害の看病を――内密で――することをも運命づけられていた。家の体面と、当時の医学は効果が確かに疑わしかったことのため、医者にみせることは無用だった。妻自身が世の秩序から受けている束縛は、召使いたちのそれと比べて、少しもゆるくはなく、ある意味ではおそらくいっそうきびしかった。

私はC・S・ルイスとの数年間続いた交友によって、このアルカディア的夢想世界のなかのもっと賛成できる要素については見直したのだが、彼はいつもその夢想世界を、彼が憎悪する科学に基づく世界への対抗刺激剤として頭に描いていた。彼は、科学者たちは彼が最も愛する世界を工場的農園と化学農業に置きかえようとたくらんでいると考えていた。それを彼は不毛の世界とみた。「高椅子もなく、金の輝きもなく、鷹もなく、猟犬もなく」と、彼は『サルカンドラ　かの忌わしき砦』のなかに書いた。しかし、もちろんルイスは自分を豪農の当主に擬したのであり、このようなアルカディアの夢にひたった他のすべての人と同様だった。科学者たちは、そんな旦那さまになるような育ちも世知もめったにもたないから、自分がせいぜい住み込みの家庭教師になった場合や、もっと可能性の多いものとして、下水が詰まらないように見てまわる下男になった場合を考えがちなのである。

右に描いたアルカディアは、もちろんかなり近年のものである。それは、ジャン＝ジャック・ルソーの言った高貴な野蛮人という形で最もよく知られている原始に帰れという思想からははるかに遠い。ルソーよりずっと前から、原始のけがれない豊かな世界という夢があった。例えば、極北に常春の国があり、そこでは大地が人々に惜しみなき恵みを与え、山羊が自分からやってきて乳を与えてくれるとされた。

この原始崇拝は、人類の文化の歴史における重要な一要素であり、科学の発達は、それを消滅させるどころか、ますます魅力的なものにした――以前より見込みの乏しいものにしたにせよ。誰でもそれをさがそうとすれば、日常生活や日常の思想のなかに、ルソーの再登場の姿が豊富にみられるのである。

科学的メシアニズム

科学者たちは、気質が楽天的な人であれ憂うつ症的な人であれ、ユートピアを好む人であれアルカディアを好む人であれ、他のたいていの人々と同様に、自分の存在に対する何らかの特殊な存在理由を感じたいと思う――単に自分が「この世に存在すること」に対してでなく、自分が科学者として生きていることに対してである。

人は科学者たちと――とくに若い人たちと――話し合ったり、彼らの表明した見解をみればすぐわかるが、彼らの多くを活気づけている信念は、エルンスト・ゴンブリッジ卿が「科学的メシアニズム」と呼んだものである。それはしぜんにユートピアニズムに――すなわち、もっといい世界が原理的に可能であり、社会の大変革によってそれを実現させることができるだろうという思想に結びつく。彼らの信念によれば、科学はこの大変革をもたらす力であり、人類を悩ましている諸問題は――人間の本性の不完全さから生ずる問題をも含めて――科学的研究によって解決され、地上の天国のような明るい平和と豊饒の世界への道が示されるはずであるという。

科学へのこの大きく深い信頼は、人間精神の二つの大革命からでてきた。第一の革命は、フランシス・ベーコンを予言者として、新哲学（今日の言葉なら「新科学」）を呼び入れた。ベーコンの『ニュー・アトランティス』は、この新哲学によってつくられる世界の姿についての彼の夢であった。その世界のために第一に必要なものは光――物質界ばかりでなくわれわれ人類をも理解するための光であった。この世界を支配する哲学科学者たちは、人間の知識の無限の拡大を通じて可能な、あらゆることを実現させることに献身した。

ベーコンの夢のなかで今日残っているものは、それが科学の栄光と脅威との両方を含んでいるという点のみである。すなわち、原理的に可能なあらゆること――すなわち自然法則に反しないあらゆること――は、もしそれをしようとする意図が充分に強くて充分に長く支持されるなら、達成されうるという真理にベーコンは気づいたのである。この真理からみて当然なことだが、科学的努力の方向は、政治的決定、またはとにかく科学そのものの外部でなされる判断によって決定されるのである。科学は行動のための可能な種々の道を開くが、それらの道のどれをとるべきかを、科学そのものは示しはしない。

ベーコンとコメニウスの世界についてのチャールズ・ウェブスターの大著についてはすでに言及したが、彼は、新哲学の動機の多くは急進的なピューリタンの活動家たちから来たと指摘した。彼らは、新科学のなかに、イギリスを差し迫ったキリストの復活を迎えるに適した国にする手段があるとみた。ダニエル書一二・四の「多くの者は、あちこちと探り調べ、そして知識が増すでしょう」という予言が実現するとみたのである。ベーコンの『諸学の大革新』の一六二〇年版の表紙にジブラルタル海峡を自由に通過してゆく帆船の図が印刷されているのは偶然のことではなかった。その海峡は、かつては世界の果てと思われていたのである。そこに立つヘラクレスの柱の向こうには果てしない海がみえる。そこにはつねにプラス・ウルトラ（もっと多くのもの）があった。「来たれ、来たれ、来たれ」とサミュエル・ハートリブはジャン・アモス・コメニウスへの手紙に書き、イギリスへ来るように熱心に勧めた。「今や主のしもべたちが一個所に集まって、キリストの到来を迎える食卓を準備すべき時です」と。科学と有用な技術を発展させることは、その食卓の準備にとってきわめて重要な要素となるはずであった。

ウェブスターが示してくれた第一の教えは、もっとありふれた見解の中で育てられた者にとっては驚くべきことだが、近代科学は一般に認められているよりも深く宗教に、しかも聖書そのものに起源を発しているということである。ウェブスターが特に選んで研究した一六二六—六〇年という時期〔イギリスの絶対王政の崩壊から名誉革命までの時期〕は、近世のなかで知的に最も高揚した時代であり、偉大な希望と出発の時代だった。科学は当時は聖職者たちによって支配され、彼らの職業的出世はピューリタンからの後援に大きく依存していた。

ベーコンは自らを新哲学の「鼓吹者」と称したが、彼の思想のひじょうに多くは中世的またはもっと古い型のものだった（パウロ・ロッシ教授は彼を「近代の夢にとりつかれた中世哲学者」と呼んだ）。しかも、彼の科学的方法は実際には役だたなかったし、役だちうるものでもなかったが、ベーコンの著作は、読んだ人たちを大いに鼓舞したのであり、今日もなおそうする力をもっている。彼は今なお科学の最大のスポークスマンであり、今なお最大の福音予言者である。われわれは今でも、今日われわれが目にしているような世界が開幕した時の精神的高揚と息づまるような興奮を、ベーコンとコメニウスの著作を通じて追体験することができる。

メシア的な科学観の創造を助けた第二の大思想運動は、精神的高揚よりは、真にすばらしい自己満足と自信の獲得という点できわだつものだった。それは啓蒙運動と呼ばれている。その最も献身的なスポークスマンだったコンドルセにとっては、進歩は歴史的必然であった。彼はこう言った──「ヨーロッパの最も啓蒙された諸国」においては人類は今や次のような状態にある。すなわち、哲学（科学）は「もはやいかなるものをも当て推量する必要はなく、仮定的な組み合わせをつくる必要はない。せねばならぬことは、事実を集めて整理し、それらの全体から、およびそれらのいくつかの部分の種々の関係から出てくる有用な真理を明らかにすることのみである」と。進歩は自然の諸法則の不変性によって保証されていると彼は信じた。したがってコンドルセは、この進歩が「一見奇怪にみえたにせよ、しだいに可能になり、容易にさえなってきたこと」、および「真理は、種々の偏見が一時的に成功したり、それらが政府や人民の堕落によって支持されるにもかかわらず、結局は永続的な勝利を得るにちがいない」ことを示す仕事に取りかかった。彼はさらに、こう述べさえした――自然は「知識の前進を、自由と美徳と人間の自然権の尊重との進歩に不可分に結びつけている」と。

科学的研究によってもたらされる進歩の必然性に対するこの静かな確信は、今なおわれわれをはっとさせるものをもっている。このようなコンドルセの希望にみちた純真さは、革命家たちの敵意を免れられないものであったし、事実、それを免れなかった。右に（現代訳から）引用した著作は、彼の死後に彼らの手で出版されたものである。

科学者たちは一般的には合理主義者である。少なくとも理性の必要性を無条件に信じるという限られた意味では。彼らは、自分がそのような信念を撤回したと言われたら、驚きかつ腹をたてるものである。合理主義は、非合理主義をもてはやす現代の風潮と闘うべき職業的義務をともなう――単にスプーン曲げ（念力の流行の一形態）とか、それと同等な哲学に対してだけでなく、これまで世界のすべての大思想家を満足させてきた平凡な推理の代わりに「狂想的」な推理をもちこもうとする風潮に対してもである。主な反科学的運動の一つに東洋の英知や神秘的神学の英知への崇拝がある――ジョージ・キャンベルの言葉を借りれば、それは全能の神に捧げる言葉であり、もしいけにえなら生命を奪われているはずのところが、生命の代わりにセンス（正気）を奪われているものなのである。

しかし若い科学者たちは、理性が必要だということを、理性だけで充分だということと取りちがえないようにしなければいけない。合理主義は、人々が尋ねたがる多くの単純で子どもっぽい問いに答えることはできない。すなわち、ものごとの起源や目的に関する問いであって、人々がその問いの意味を充分よく理解して答えを待っているにもかかわらず、そんな問いは問題にならないとか偽の問題だとしてしばしば軽蔑的に斥けられる種類のものである。そういう難問に対しては、合理主義者は、やぶ医者が診断も治療もできない病気にぶつかったときのように、そんな問いは「架空のもの」だとして斥けがちである。われわれはそれらの単純な問いに対する答えを合理主義に期待するべきではない。合理主義は、そもそもそういう問題を問おうとする努力を叱りつけるからである。

科学的唯物論の検討

医学や農業の進歩や工業の改良のために働く科学者は、物質的進歩の仲介者である。その点で彼らは、人々から二つの異なる理由によってまゆをひそめられている。第一の理由は、物質的繁栄は精神的貧困をもたらすという意味の第二流の批判のきまり文句で表わされるものである。第二の理由は、もっとずっと重大なものであり、物質的進歩は、今日人類を悩ませている主要な病いのどの一つを救うことも約束していないということである。

物質的繁栄は精神的貧困をもたらすという考えは、進歩というものをあざける人たちに愛好されている。ただし、それらの人々の多くは——または、進歩とは「本当は」何を意味するのかについて困惑をよそおってはいるがまったく見分けがつかなくなっている人の多くは——、じつは進歩のひそかな信奉者である。よい下水設備より悪いもののほうを本当に好む人はごくわずかだ。もっとも、ブリアン・マギーの指摘(2)によれば、ロンドンの『ザ・タイムズ』紙は、かつて後者に属した。同紙はエドウィン・チャドウィックを、ロンドンっ子の健康を下水道の完備によって改善しようとしているとの理由で酷しく非難した。『ザ・タイムズ』誌は、古今未曾有の反科学の声に和して、ロンドンっ子は「チャドウィック氏一味によって無理やりに健康にさせられるよりコレラなどに運を賭ける」ほうがましだと唱えたのである。プリンス・コンソート殿下（ヴィクトリア女王の夫のアルバート殿下）は、進歩の大信奉者だったので皮肉なことだが、それに運を賭けねばならない人の一人となった。殿下がチフスで死んだ時、ウィンザー城内の二〇の汚水だめは満水であふれだしていたのである。

『ザ・タイムズ』紙がエドウィン・チャドウィックを非難した精神は、今なお海外にみられる。アメリカのある市の市長が水道の水へのフッ素添加に反対するごとに、あるいはまたイギリスで誰かがフッ素添加は効果がないとか、明らかに有害であるとか唱えるたびに、オリンポスの山上の虫歯の神ギャップトゥースが支配する一角に歓呼の声があがる。

ここでもう一度、充分条件と必要条件との区別を述べなければならない。人間精神の全面的展開のためには、よい下水設備や、迅速な通信や、健全な歯は、それだけで充分ではないが、助けにはなる。貧乏や欠乏や病気には、創造性を促すものが含まれているとは言えない。そんなロマンチックなたわごとにとりつかれてはならない。フィレンツェは、その最盛期には、商業と金融の一大中心地だった。チューダー朝のイングランドは、雑踏し繁栄した国であった。また、レンブラント時代のアムステルダムに、芸術が逆境のなかで栄えるという説の証拠を見いだすことはできない。私がそのようなばかげた説を耳にすることはそう多くはないが、こう言われたことを覚えている。スイスは、繁栄と物質的な安楽が——それが科学と産業のおかげであるにせよ、節約と上手な家政のおかげであるにせよ——向上への創造的精神の息吹きを窒息させた国の好例であると。

文明生活へのスイスの第一の貢献は、物知りの説によれば、カッコー時計（鳩時計）であった。これは驚くべき判断である。それはスイスが世界に対して、多民族の平和共存と、その国を長らく哲学者や科学者や想像力に富む著作家やその他の専制政治からの亡命者の退避所にしてきた寛容と親切さとを教えてくれたことを何ら重要視しない判断である。

科学によって可能になる物質的進歩が望ましくないと主張したいなら、キリスト教の原罪説に対応する近代の世俗説である**原始の美徳の説**という単純な教説の誤謬を暴露することが、その真の論拠になるだろう。その教説によれば、人間は衣食住と苦痛がないことが保障されれば、生まれつきの善性に支配され、平和的で、愛情深く、協力的になり、他の人々を助けて公共の福祉のために働くことを切望するようになる。子どもたちは愛と温情と保護を与えられれば、人を愛し人から愛され、社交性に富み非利己的で、自分のおもちゃとかその他の所有物を自発的に友だちに分かち与え、現在および将来の自分たちにとって最善なことをはっきり本能的に知覚することができると。経験の浅い教師や若い父母は、しばしば、子どもは、何を食べ何をするのが最善であるかを知っているばかりでなく、何を学ぶべきで、何を学んではならないかをも知っていると本気で信じている。彼らはまた、厳格さや、これが正しいと上からおしつけることは、子どもから自発的な創造性や純真な感受性を奪うのではないかと本気で心配する。

私の思うに、この原始の美徳の説に対する明確な反証は今まで何もなかった。もっとも、それが真であることを信じさせるようなこともかなり少ない。とはいえ、それを信じようとする傾向は、人間の愛すべき一特徴であると思わざるをえない。

科学的メリオリズム――科学への現実的野望

もし原始美徳の説が正しいなら、科学的メシアニズムは正当な野心を表わしたものであろう。なぜなら、科学は、やがては、自然の美徳が支配する環境をつくりだすことができるはずだからである。しかし、ここではその代わりに、科学者たちが科学に対して抱けそうなもっと小さな野心を考えてみよう。

多くの若い科学者は、自分が愛するようになった科学が人類をもっと幸福にさせるような社会変革の力になりうることを望んでいる。したがって彼らは、政治家たちのなかに科学を身につけた人がひじょうに少なく、科学の未来の可能性とすでに達成した業績とを深く理解している人がひじょうに少ないことを嘆く。そういう嘆きは、世界が今日直面している最もさしせまった諸問題に対する深い誤解の現われである。その問題とは、人口過剰と、多人種社会における調和のとれた共存の達成の問題である。これらの問題は科学的な問題ではなく、科学的な解決はできない。だからといって、科学者は諸国民の福祉や究極的には人類の福祉を脅かす事件や政策を驚いて眺めていることしかできないというわけではない。科学者は、科学者として、これらの問題の解決に必要かつ独特の貢献をすることができるのである。だが、その解決はとうていキリストの復活（至福千年）を招来しうるようなものではない。

例えば人口過剰について言えば、科学者は産児調節のための無害で実用的な方法を考案しようと努力することはできる。ただし、それは決して容易なことではない。なぜなら、一個の生物体の生理学的構造と可能な行動様式のひじょうに多くの部分は、子孫の繁殖のためにつくられているからである。しかし、かりにその努力が成功したとすると、次には、その避妊方法を、その利用を勧めるパンフレットも読めず、利用上の注意事項を守ることに慣れていず、しかもとにかくできるだけ多く子どもをつくりたがる諸国民に用いさせるための、政治上、行政上および教育上の諸問題があり、それらの解決には科学者は格別の腕はもっていない。

ここで再び考えるに、科学者は人種間の緊張に対して科学者として何ができるだろうか？　これについての科学者の役割は、概して政治的役割よりは批判的役割であろう。科学者は、人種主義の不合理な主張や、あのたちの悪い老人フランシス・ゴルトン卿の諸著作からでてきた遺伝学的エリート主義のがらくたの山を摘発することはできよう。そしてついには人種問題における政治的犯罪人たちに対して、科学が彼らの悪行を支持したり許容することを期待してはならないことを悟らせることができるかもしれない。要するに、科学者が世のなかの改良のためにつくすことのできる仕方は無数にある。

多くの科学者が、社会改良や社会批判の仕事は世界における自分たち自身の——そしてまた科学の——地位を低める仕事だと考えるかもしれない。もしそう思うなら、それは狭量な感情である。しかしまた科学者たちがあまりに壮大な主張をしたり、科学がその実力を超えるような効用をもつと主張したりすれば、自分たちが当然行使すべくかつ行使しうる影響力を失うであろう。

私が科学者に対して期待する役割は、「科学的なメリオリズム（社会改良主義）」と呼んだらいいものである。メリオリストとは、人間の賢明な活動によって世界をより良いものにすることができると信じる人を指す。（「だが、より良いとは何を意味するのか？」、この問題は残る）。メリオリストは、さらにまた、自分たちはそのような賢明な活動を企てることができると信じる。立法家や行政家たちはとりわけメリオリストであり、自分がそうだと信じることは彼らにとって自分の存在理由の重要な要素である。彼らは、社会の改良を達成できる見込みの最も多い方法は、何が不都合かを突きとめて、そこを直そうとすること——社会全体を変革したり法体系全体をつくりかえるには至らない手段をとること——であると認める。メリオリストは、比較的控え目な人々であり、善をなそうと努力し、それがなされたことをみて満足する。賢明な科学者にとっては、これだけの野心で充分であり、それは決して科学の価値を低めはしない。世界で最も古く最も有名な科学の学会（ロイヤル・ソサイエティ）が宣言した目的は、「自然の知識の改良」にすぎなかったのである。

以上であげた人口問題と人種問題における科学者の活動は、実際的または「社会的に重要な」問題に意識的に取り組む場合であった。だが、まちがった意味で「純粋」な研究と呼ばれているものに携っている多くの科学者の場合はどうであろうか。彼らはどこに自分たちの満足を得るべきか。それは、学問自体の進歩のなか以外には、どこにもない。

ジャン・アモス・コメニウスは彼らすべてのために弁じた。彼は自著『ヴィア・ルシス（光の道）』[3]に、「自然の知識を改良するためのロイヤル・ソサイエティ・オブ・ロンドン」への献辞を記した（「輝かしき諸兄の英雄的な企てを祝福して」）。彼らが完成しようとしていた哲学は「精神と肉体と（いわゆる）財産とに寄与するあらゆるものの不断の漸次的な増大」をもたらすだろうと、コメニウスは信じた。彼自身の野心は、その雄大さにおいて人を感銘させ、その大胆さにおいて息をのませるのだが、パンソフィア（汎知）をめざして働くことだった。すなわち「人間的全知という一個の単一かつ全包括的な体系を編成すること」であり、その目的は「少なくとも、あらゆる人とあらゆる場所におけるあらゆる人間の事態を改善すること」であった。充分に楽観的な気質を具えた人々は、「すべての人の共通の善に役だつために獲得され利用される」普遍的な知識の追求は、真にヴィア・ルシス（via lucis）、すなわち光の道であるというコメニウスの信仰に、いそいそと和してゆく。

（1）Charles Webster, *The Great Instauration: Science, Medecine and Reform 1626-1660* (London: Butterworth, 1976). ミルトンからの引用文は彼からサミュエル・ハートリブ〔コメニウスをイギリスへ招いた平和運動家〕への手紙（一六四四年）——エブリマン版のミルトン散文集に収められている——からの引用である。
（2）Bryan Magee, *Towards Two Thousand* (London: MacDonald, 1965).
（3）*Via Lucis* の原本（一六六八年）は、E. T. Campagnac が翻訳をしたときには世界にいくつも残っていなかった。私はその訳書（London: Liverpool University Press, 1938）から引用した。

新版への解説

結城 浩

あなたは誰でしょうか。科学者を進路の選択肢として考えている高校生でしょうか。それとも、子どもの進路について考えている親でしょうか。あるいはまた科学者の卵が読むにふさわしい本を物色している指導教官でしょうか。

本書『若き科学者へ』は、若い科学者および科学者を志す若者へのアドバイスが書かれた本です。本書を書いたメダワーは、教授職と研究所長を長年務め、一九六〇年にノーベル生理学・医学賞を受賞した科学者ですから、まさに『若き科学者へ』という文章を書くにふさわしい著者といえるでしょう。本書の原書は一九七九年に刊行されました。

一九七九年だって？　なんだ、そんなに古い本だったのか。それでは現代の役には立つまい――この解説は、あなたが抱きかねないそんな誤解を解くために書きました。

いまでは若者にメッセージを送る側の年齢になってしまいましたが、私が本書を初めて読んだのは大学一年生の頃でした。傍線を引きながら読み、さらには感銘を受けた箇所に二重丸を力いっぱい書き込みました。私は、自分の将来を想像しながら、それほど夢中になって読んだのです。

今回、傍線や二重丸の部分を読み返して、本書のどこに魅力を感じたのかを思い出してみました。当時若者であった私は、本書のなかに「いまの自分が読んでおくべき言葉がここにある」と感じたのでしょう。

目次を一読してもらえればわかる通り、本書には「若き科学者」へのメッセージが書かれています。メダワーは、若者が抱きがちな不安や気負い、それから予想される失敗といった項目ごとにていねいに言葉を選び、率直に語ります。自分の能力、金銭の問題、発表の方法、論文の書き方、学会との付き合い方、共同研究における注意――これらはすべて本書に書かれている内容です。

ただし、本書をいわゆるハウツーものだと考えるのは正しくありません。研究分野の今年の動向や流行のテーマに対して具体的な指針を与えるものではありません。本書に書かれているのは、もっと普遍的な内容です。どのように動向や研究題材を考えるのか、そもそもどういう原則で判断すればいいのかということについて、研究の大先輩がアドバイスしていると考えるのがいいでしょう。本書に書かれている助言は、古びる内容ではないのです。

科学者になれるのか

「自分には科学者になれる頭があるか?」という問いかけは、科学者を目指す若者にとって切実でしょう。本書のなかでメダワーは「ひどく頭がいい必要はない」(p. 18)と語ります。このアドバイスでほっとする人がいるかもしれませんが、メダワーは同時に、科学者になるのに不適な特性についても語ります。

科学者になるのに確かに不適な特性の一つは、手仕事を卑しいとか劣等だと思うこと、すなわち、科学者は試験管だの培養皿だのブンゼン灯だのを片づけて身なりを整えて机に向かってこそ成功するものだと考えることである。(p. 22)

メダワーはまた、共同研究に向かない気質について次のように語ります。

共同研究にはある種の精神的寛大さが必要であり、自分には人をうらやむ気質があると感じ、仲間にやきもちをやくような人は、けっして他人とチームを組もうとすべきではない。(p. 58)

ここで大事なのは、本書のアドバイスをうのみにすることではありません。メダワーの言葉を手がかりにして、「そもそも『わたし』はどのような気質なのだろうか」と意識することが大事なのです。これから科学者になりたいと考えるときに、自分というものをきちんと捉え直すということです。

本書に描かれている科学者像をたどりながら、自分自身を振り返ることで、メダワーのアドバイスが生きたものとなっていくはずです。

倫理的であるために

現代では、科学者の倫理性はたいへん重要な意味を持ちます。その理由の一つは、科学が複雑化し一般人が科学を深く理解することが難しくなったためで、そしてもう一つは、コンピュータとインターネットの発達により、他人の成果をコピー&ペーストで容易にかき集めることができるようになったためです。

科学と倫理とは無関係のように感じる人がいるかもしれませんが、科学という活動に人間が関わっている以上、その人間の倫理性が成果物に影響を与えるのは当然です。ときにはそれが社会問題になり、あるいは人命に関わることもあるでしょう。

科学者の倫理性は重要な問題であり、メダワーの倫理性は本書のあちこちに顔を出します。そもそも冒頭から、科学者にはいろんな気質の人々がいるが、悪漢さえもいる、といった指摘がなされ（p. 10–

11）、さらに邪悪な科学者の例が挙げられています。

また、科学者の過誤について、メダワーは率直にこう言います。

失敗をかくそうとして煙幕をはろうとしてはならない（p. 65）

さらに続けて、

いつも自分をあざむいている科学者は、他人をもあざむくことになるのである。（p. 66）

とも書きます。

もしかしたら、メダワーが描くこのような倫理性について、若者はあまり実感が湧かないかもしれません。あるいはまた、こういう倫理性については将来大きな仕事をするようになってから考えればいいと感じるかもしれません。小さな研究をしているうちにそんなことを気にしてどうするのか、と。

しかし、実際は正反対でしょう。誤ちを犯したとき、失敗してしまったとき、自説のまちがいに気づいたとき、どのように振る舞うのか。若者のうちにこそ倫理性について強く意識し、小さな研究のうちから過誤に対する自分の態度を律することが必要です。それは、科学者が取るべき態度の根幹に関わるものだからです。

科学者とはどういう存在か。それは本書全体で語られているものですが、特に以下の部分にメダワーの考えが強く描かれています。

> 科学者は……真理に対してはつねに特殊な無条件の絶対的な義務をもつ。(p. 62)

さらに、メダワーの次の言葉にぜひ耳を傾けてください。

> 私は、どんな年齢のどんな科学者に対しても、次の言葉以上にいい助言を与えることはできない。すなわち、ある仮説を真であると信じる気持ちの強さは、それが真であるか否かには何の関係もない。(p. 66)

これは、本書に書かれたアドバイスの白眉です。科学者がいくら「この仮説は真である」と信じても、「この仮説が真であってほしい」と願っても、仮説が真であるか否かには何の関係もありません。熱心さのあまり仮説に執着してしまい、否定的な結果が出るのを好まなくなる——これは科学者にとってたいへん危険です。熱心な科学者が陥りやすい罠といえるでしょう。

科学者とは何なのか

本書に書かれているアドバイスを読んでいると、メダワーが考える「科学者とは何か」が伝わってくるのを感じます。本書のなかで、大学時代に私が最も感銘を受けたのが次の箇所でした。

ある問題を解くことに深く没頭している科学者は、それについて考えるために特別の時間を割り当てるのではなく、頭のなかでその問題が、秤の目盛盤のゼロの位置にあって、頭が他の問題に占められていない時には、頭のなかの指針が自動的にそこへ戻ってゆくのである。(p. 98)

ここに描かれているのは確かに「科学者の姿」ですが、もっと広く「時間を注ぐ価値のある仕事に夢中になっている人の姿」と言えるでしょう。メダワーは「科学者というもの」を描きながら、「科学というもの」および「人生というもの」についても同時に描いています。そしてそれは確かに、豊かな人生経験を持つ者が若者に与えるアドバイスとしてふさわしいものです。

若者が未来に対して感じる不安、研究における倫理性、そして科学者観と人生観。その中核には「科学者は真理に義務を負っている」というメダワーの考えがあります。

大学時代に本書を夢中になって読んだ私は、結局のところ科学者にはならず、技術書や数学的な読み物を書く仕事をしています。しかし「真理に対する義務を負う」や「失敗をかくそうと煙幕をはらない」というアドバイスは、現在の自分に取っても大切な支えとなっています。

これ以上は、私がくどくど解説するよりも、本書から直接メダワーのアドバイスを味わってもらう方がいいでしょう。本書が書かれたのは確かにずいぶん古い時代かもしれませんが、現代という時代にも驚くほど合致する真実が見つかります。つまり『若き科学者へ』には、時代を越えて通用する普遍的なメッセージが書かれているのです。

訳者あとがき

本書はPeter Medawar, *Advice to a Young Scientist* (New York, Harper & Row, 1979) の全訳である。

本書の特質は著者自身が「まえがき」で簡明に述べているが、ここで次の二点を補足する。

(一) 著者が「まえがき」で「主として世渡りの術的なもの (prudential in character) だった」と述べている『ハムレット』のなかの侍従長ポローニアスの言葉——新王の戴冠式に留学先から帰国した息子レアティーズがフランスへ戻るさいに父が与えたもの——は、次の通りである。

ポローニアス「ついでにいくつかの訓戒を言っておくからな。いいか、しっかり心に刻みつけておくんだぞ。


自分の考えをむやみに口にだすな。

突飛な考えは決して実行に移すな。

人にうちとけよ。だが、決してなれなれしくはするな。

友をみつけ仲よくなろうときめたら、その人をお前の心に鋼のたがでつないでおけ。だが、卵からかえったばかりでひよっ子のような友だちにいちいち握手して、手のひらの皮を厚くするのは禁物だぞ。

けんかにははいるなよ。だがいったんはいったら、相手がお前を用心するようになるまでやりぬけ。誰の言うことにも耳を貸せ。だが自分の意見は言うなよ。つまり誰の非難にも甘んじ、自分の判断はさしひかえておくのじゃ。

身なりには財布の許すかぎり金目をかけなさい。だが、奇抜なのはいかん。要は、立派で、けばけばしくないことじゃ。しかも、とりわけフランスでは、身分や地位の高い人たちは、その点でひどく選り好みがやかましく金惜しみしないからな。

金は貸しも借りもするなよ。金を貸すと、しばしばその金も友も失ってしまう。しかも、金を借りると、とかく倹約心がにぶる。

最後に一番大切なことは、お前自身に誠実であれということだ。そうすれば必ず、夜が昼の次にくるように、お前は誰に対しても不誠実ではありえないのだ。〔本訳書六六ページ〕

さあゆけ……」

レアティーズ「では父上、おいとまごいを……」（以上の訳は、河出書房の『世界文学全集1』の三神勲訳と岩波文庫の市河三喜・杉浦嘉一訳とに負うところが多い）。
(二) 本書は「まえがき」にあるアメリカのアルフレッド・P・スローン財団の科学教養書シリーズの第二冊目の本だが、その第一冊目 Freeman Dyson, *Disturbing the Universe* を私はたまたま現在翻訳中

（ダイヤモンド社刊予定）である。[*] ダイソンは、朝永振一郎とJ・シュウィンガーとR・P・ファインマン（一九六五年ノーベル物理学賞受賞者）の量子電磁力学を仕上げた人で、その本は本書よりいっそう自伝的で部厚い本である。訳者は、メダワーとダイソンのその二書のどちらにも哲学的および政治思想的にかなりの異和感を感じたが、それゆえにかえって反省させられるところがはなはだ多かった。

ちなみに、メダワーはこの訳書一三二ページに「ノーベル賞受賞者のなかにも……世界中をとびまわって、科学・人類……等々の抽象名詞を並べた名前の会議に参加して演説したりするのに時を費やしている人」を「これもまた一つの人間喜劇である」と書いているが、私の眼には、それらの多くは、「人間喜劇」ではなく「人間悲劇」である。ダイソンは右の自伝的著書のなかで、『ハムレット』のもとになったとみなせる古代ギリシアの悲劇作家アイスキュロスの『アガメムノン』に言及している。西暦前一千年のギリシア半島の都市国家の一つミュケナイ（アルゴス）の若者たちは、同盟国スパルタの王妃の美女ヘレネがイオニア半島の都市国家トロイアの王に誘拐されたのに端を発したトロイア攻城の十年戦争へ狩りだされた。彼ら青年兵士の多くは遺骨となって帰り、民衆の怨みを買った同盟軍の総大将のアルゴス王アガメムノンは、トロイアを落城させて凱旋したら、自分の妻とその情夫とによって殺され、やがて、アガメムノンの息子が自分の母と情夫を殺して父の仇を打つ。これが、『アガメムノン』を第一部とするアイスキュロスの三部作『オレスティア』の筋書きだが、近世初頭のシェークスピアの『ハ

*編集部注　『宇宙をかき乱すべきか――ダイソン自伝』ダイヤモンド社、一九八二、のち、ちくま学芸文庫、二〇〇六。

ムレット』のなかのポローニアスの息子への訓戒を現代化したメダワーの本書は、人間悲劇ではなく、メリオリズム（社会改良主義）の勧めで結ばれている。

なお本書には、アイスキュロスが『縛られたプロメテウス』で扱った科学技術の進歩と人間の幸福との矛盾も少々とりあげられている。また、家族および社会における男と女の矛盾が、主に第5章の前半で扱われているが、それらも、「まえがき」の末尾近くの著者と夫人との関係についての言及も、メリオリズムの流れにそっている。

訳者の頭には、本書を翻訳しているさいに、以上のような感慨があれこれ浮かんできて、その思いが本書の訳文全般にも反映していると思うので、読者の参考のために、以上のことを記した。

最後に原著者の科学上の研究業績について一言する。メダワーはF・M・バーネットとともに免疫学上の業績で一九六〇年ノーベル医学生理学賞を受賞した。訳者は一九五〇年代には、ルイセンコの唱える獲得形質の遺伝をめぐる論争のなかで当時の免疫学（とくにバーネットの研究）にも興味をもち、免疫現象でも正統派遺伝学の線にそったメカニズム（獲得形質の遺伝の否定）が勝利しつつあることに衝撃を感じたが、抗生物質に対する細菌の耐性獲得の研究で正統派遺伝学が決定的な勝利を収めたのを知り、免疫現象への興味を大方失ってしまった。そのためメダワーの研究業績については今に至るまでろくに知識をもたない。そこで、著者略歴については、この原書の末尾に印刷されている文章の翻訳のみをあげておく。

「サー・ピーター・メダワーは、オクスフォードのH・W・フローリ教授の研究室で、ペニシリン開発の初期の時代に、研究生活へ入った。その後彼は、人体が他人から移植された器官や組織を拒絶することの原因を研究し、拒絶反応の救治策を探求した。この研究に対し彼は一九六〇年にノーベル賞を与えられた。彼自身の研究活動は実験病理学の全領域にわたっている。彼は一九六二―一九七一年に英国国立医学研究所の所長を勤め、その後、医学研究会議の臨床研究センターで腫瘍生物学を研究している。著書には、*The Art of the Soluble*（1967）、*The Hope of Progress*（1974）〔千原呉郎・千原鈴子訳『進歩への希望』東京化学同人〕、夫人J・S・メダワーとの共著 *The Life Science*（1977）〔野島徳吉他訳『ライフ・サイエンス』パシフィカ〕などがある。」

本書は一九八一年にみすず書房より刊行されたP・B・メダウォー『若き科学者へ』(鎮目恭夫訳)を組み直し、新たに解説を付して新版として刊行するものである。新版刊行を機に、著者名の日本語表記をより普及している「メダワー」に改めたほか、旧版にあった誤植そのほかの誤りを修正し、古いデータに基づく記述には編集部注を加えた。

著者略歴

(Peter B. Medawar, 1915-87)

生物学者．リオ・デ・ジャネイロに生まれる．ペニシリン開発の初期の時代に，オックスフォード大学フローリー病理学研究所で研究生活に入る．1947年バーミンガム大学動物学教授，51年ロンドン大学動物学教授，62-71年ロンドン国立医学研究所長を歴任．また1949年より王立学会会員．1960年，移植免疫性の理論ならびに実験についての業績に対し，F・M・バーネットとともにノーベル医学生理学賞を受賞．著書 *The Art of the Soluble* (Methuen & Co. Ltd., 1967), *The Hope of Progress: A Scientist looks at Problems in Philosophy, Literature and Science* (Anchor Press, 1973)〔『進歩への希望——科学の擁護』千原呉郎ほか訳，1978，東京化学同人〕，*The Limits of Science* (Oxford University Press, 1984)〔『科学の限界』加藤珪訳，1987，地人書館〕，*Aristotle to Zoos: A Philosophical Dictionary of Biology* (共著，Harvard University Press, 1985)〔『アリストテレスから動物園まで』長野敬ほか訳，1993，みすず書房〕，*Memoir of a Thinking Radish* (Oxford University Press, 1986)，ほか多数．

訳者略歴

鎮目恭夫〈しずめ・やすお〉1925年生まれ．1947年東京大学理学部物理学科卒業．科学思想史専攻．科学評論家．2011年歿．著書『性科学論』(1975)，『自我と宇宙』(1982)，『科学と読書』(1986)，『人間にとって自分とは何か』(1999)，『ヒトの言語の特性と科学の限界』(2011，以上みすず書房)，『心と物と神の関係の科学へ』(1993，白揚社) ほか．訳書　シュレーディンガー『生命とは何か』(1951，岩波新書；2008，岩波文庫)，バナール『歴史における科学』(1956)，『宇宙・肉体・悪魔』(1972)，ウィーナー『サイバネティックスはいかにして生まれたか』(1956)，『科学と神』(1965)，『人間機械論　第二版』(1979)，『神童から俗人へ——わが幼時と青春』(1983)，『発明』(1994)，ダイソン『多様化世界』(1990，以上みすず書房) ほか多数．

解説者略歴

結城浩〈ゆうき・ひろし〉1963年生まれ．作家，プログラマ．著書に，『数学ガール』シリーズ (2007-)，『数学ガールの秘密ノート』シリーズ (2013-)，『暗号技術入門』(第3版，2015)，『プログラマの数学』(2005)，『Java言語で学ぶデザインパターン入門』(増補改訂版，2004) (いずれもSBクリエイティブ)，『数学文章作法　基礎編』(2013)『数学文章作法　推敲編』(2014) (いずれもちくま学芸文庫) ほか．2014年度日本数学会出版賞受賞．

ピーター・B・メダワー
若き科学者へ
新版
鎮目恭夫訳

2016年7月20日　第1刷発行
2019年3月11日　第3刷発行

発行所 株式会社 みすず書房
〒113-0033 東京都文京区本郷2丁目20-7
電話 03-3814-0131(営業) 03-3815-9181(編集)
www.msz.co.jp

本文組版 キャップス
本文印刷所 精興社
扉・表紙・カバー印刷所 リヒトプランニング
製本所 松岳社
装丁 安藤剛史

Printed in Japan
ISBN 978-4-622-08530-0
[わかきかがくしゃへ]